금별맘의 쉬운 요리

누구나 따라 할 수 있는 집밥 레시피

금별맘의 쉬운 요리

최상희 지음

상상출판

Prologue

안녕하세요. 최상희입니다.
정성을 다해 준비한 『금별맘의 쉬운 요리』가 드디어 세상에 나왔습니다.

'집밥'이라는 단어는 언제나 우리에게 따뜻한 감정을 자아냅니다.
어릴 적의 추억, 가족과의 소중한 시간, 그리고 정성이 담긴 마음의 풍미를 떠올리게 합니다.

이 책은 집밥의 매력을 최대한 살리기 위해 노력하며 쓰였습니다.
떠올리는 것만으로도 마음이 따스해지는 감정을 여러분과 공유하기 위해 최선을 다했습니다.
레시피 하나하나 복잡하지 않으며 손쉽게 찾아볼 수 있는 재료를 활용한 요리들을 다양하게 담았습니다.

이 책을 펼친 순간부터 식탁 위에 펼쳐지는 작은 행복을 만끽하길 바라면서요.

마지막으로 늘 곁에서 힘이 되어준 나의 남편 안종수,
두 딸 서현, 정현에게 감사를 전합니다.

2023년 어느 날
최 상 희

CONTENTS

Prologue   5

쉬운 요리를 시작하기 전에   8
01 일러두기   9
02 스테인리스 팬 길들이기   10
03 활용도 높은 육수 만들기   11
04 진수성찬이 필요 없는 냄비밥 짓기   12
05 누구나 할 수 있는 재료 손질법   13
06 재료 본연의 맛을 살리는 찜 조리법   14

◆
PART 1
집에서 즐기는
브런치

토마토 달걀 볶음   19
시금치 프리타타   23
김치 불고기 부리토   27
뢰스티   31
연어 샐러드   35
달걀 토스트   39
프렌치토스트   43
클라우드 에그   47
과일 사라다   51
감자 샐러드   55
크로크무슈   59
과카몰레   63
양배추 샐러드   67

◆
PART 2
하루가 풍성해지는
메인 요리

돼지 등갈비 구이   73
굴 보쌈   77
목살 스테이크   81
고갈비 구이   85
제육 볶음   89
오징어 볶음   93
닭볶음탕   97
소꼬리찜   101
대패 삼겹살 파채 볶음   105
함박스테이크   109
열무김치 조림   113
반찬 4종   117

◆
PART 3
마음을 따뜻하게 해주는
국물 요리

된장찌개 2종   129
된장국 3종   135
김치찌개 2종   145
오징엇국   151
조개탕   155

호박젓국 159
동태탕 163
콩나물국 167
소고기 뭇국 171
짜글이 175
닭개장 179
스키야키 183
오이 미역냉국 187

간장 비빔 국수 249
들기름 막국수 253
국물 비빔 국수 257
수제비 261

PART 4

간편하고 맛있는
한 그릇

해물 무쇠솥밥 193
표고버섯 무밥 197
달걀 새우죽 201
고등어 조림 덮밥 205
스테이크 덮밥 209
회 덮밥 213
스팸 덮밥 217
버터 장조림 달걀밥 221
삼겹살 깍두기 볶음밥 225
톳밥 229
전복밥 233
가지밥 237
비빔밥 241
닭 안심 카레 245

PART 5

가족이 함께 즐기는
간식

전 4종 267
갈릭 버터 새우 277
진미채 버터 구이 281
떡볶이 2종 285
아코디언 감자 291
맛탕 2종 295
허니 버터 고구마 301
오지 치즈 프라이 305
만두 탕수 309
닭똥집 튀김 313

재료별 인덱스 316
가나다순 인덱스 318

쉬운 요리를 시작하기 전에

당신이 이 책을 읽어야 하는 이유

◇ 친근한 식재료를 이용한 진입 장벽 낮은 요리들

『금별맘의 쉬운 요리』에서 소개하고 있는 레시피들은 대부분 친근한 재료와 도구를 기반으로 하고 있습니다. 사용이 낯설고 가격이 부담스러운 재료들의 활용을 최대한 자제하고, 독자들의 일상에 가까워질 수 있기 위해 노력했습니다.

◇ 요리 과정은 간소화, 설명은 구체화

요리 과정이 복잡해지면 평상시에 따라 만들기 부담스러울 수 있습니다. 이 책에서는 요리의 과정은 간소화하되 Point와 메모를 통해서 설명을 구체화했습니다. '왜?'라는 의문이 생기기 전에 먼저 왜인지 대답할 수 있는 친절한 레시피북이 되기 위해 정성을 기울였습니다.

◇ 브런치, 메인 요리, 국물 요리, 한 그릇 요리, 간식 총망라

'집밥'이란, 단 한 가지의 주제에 얽매이지 않습니다. 원하는 주제와 취향에 따라 다양한 음식을 골라 요리할 수 있도록 다섯 개의 파트로 장을 분류했습니다. 색다른 요리와 친근한 요리가 함께 하는 이 책은 가족들에게 맛있고 따뜻한 한 끼를 건네고 싶었던 저자의 마음이 담뿍 담겨 있습니다.

책을 읽는 방법

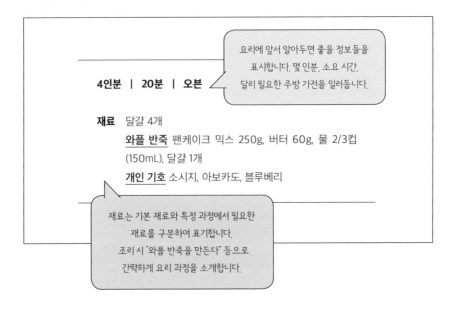

계량법

- 1스푼은 밥숟가락 기준 12~13mL(15g)입니다.
- 1/2스푼은 밥숟가락 기준 0.5스푼으로 6~7mL(7~8g)입니다.
- 작은술은 티스푼 기준 1스푼, 밥숟가락 기준 0.3스푼으로 4~5mL(4~5g)입니다.
- 계량이 어려운 소량의 경우 '약간', '1꼬집', '적당히'로 표기했습니다.
- 계량이 헷갈릴 수 있는 부분에 대해서는 더욱 자세히 표기하기 위하여 그램(g)과 밀리리터(mL), 리터(L)를 사용했습니다.
  예시) 물 1컵(종이컵 기준, 200mL), 쌀 1컵(쌀 계량컵 기준, 160g), 밥 1공기(200g)
- 밥 요리에 한해서는 물도 쌀 계량컵으로 계량을 하고 있으며, 이 부분은 괄호를 통하여 설명합니다.
- 계량에는 개인의 입맛과 사용 도구에 따라 약간의 차이가 있을 수 있습니다.

1/2스푼=6~7mL(7~8g)

1스푼=12~13mL(15g)

쌀 계량컵 1/2컵=80g   쌀 계량컵 1컵=160g   쌀 계량컵 물 1/2컵 =90~95mL   쌀 계량컵 물 1컵 =180~190mL

물 1/2컵(종이컵 기준) =100mL   물 1컵(종이컵 기준) =200mL

02 스테인리스 팬 길들이기

스테인리스 팬은 반영구적으로 사용할 수 있고, 교체하지 않아도 되니 비용이 절감됩니다. 무엇보다 코팅이 벗겨지며 발생할 수 있는 유해 물질 걱정이 없어요. 그러나 길들이기 힘들어서, 요리 시 팬에 재료가 들러붙는 당혹스러운 경험으로 사 놓고 방치 중이거나 구매 자체를 망설이는 분들이 많습니다.

구매 후 처음 스테인리스 팬을 사용한다면
먼저, 연마제를 제거해 줍니다. 새 제품에서 손에 묻어나오는 검은 무언가가 연마제입니다.

1 키친 타월에 식용유를 묻혀 제품의 안과 밖을 깨끗이 닦는다.
2 베이킹 소다를 이용해 스펀지로 꼼꼼하게 닦고 물로 헹군다.
3 주방세제로 한 번 더 닦고 깨끗하게 헹군다.
4 물을 넣고 센 불로 끓인 뒤 물이 끓기 시작하면 식초를 넣고 약 10~20초간 더 끓여 헹군다.

손쉬운 스테인리스 팬 예열 방법
스테인리스 팬은 예열부터가 본격적인 요리의 시작입니다. 많이들 알고 있는 방법이 바로 고열로 예열한 뒤 식용유를 넣고 다시 예열하는 방법이에요. 하지만 이렇게 스테인리스 팬을 길들이면 팬이 너무 뜨거워져서 연기가 많이 나고 음식이 쉽게 타게 돼요. 제가 알려드릴 예열 방법은 열이면 열 무조건 성공하는 방법입니다.

1 가스 불을 중간 불(또는 중강 불)로 켠다.
2 2~3분 기다린 뒤 물을 조금 부어서 예열의 정도를 확인한다.
 예열이 잘 안 되었을 때 물이 끓거나 김이 난다.
 예열이 잘되었을 때 물방울이 춤을 추듯 프라이팬 위에서 굴러다닌다.
 ∟ 대략 중간 불에서 2분 30초 정도 예열하면 물방울이 춤을 추듯 굴러다닙니다.
  하지만 사용하는 팬의 종류나 조리 환경에 따라 다를 수 있으니
  시간 체크 대신 물을 넣어 확인해 보세요.

3 예열 확인차 넣었던 물은 키친 타월로 닦고 식용유를 적당히 넣는다.
4 가스 불을 바로 끄고 1분간 기다린 후 약한 불에서 음식을 조리한다.

Point
◊ 바로 뒤집지 않고 바닥 면이 잘 익도록 잠시 두었다가 뒤집으면 눌어붙지 않아요.

03 활용도 높은 육수 만들기

육수를 어떻게 만드느냐에 따라 맛의 깊이에 차이가 생기곤 해요. 오늘은 쓰임새가 많아 자주 활용하는 기본 육수인 멸치 육수와 소고기 미역국, 된장찌개, 육개장 등에 쓰이는 소고기 육수를 소개합니다.

멸치 육수
◊ **재료** 육수용 멸치 3과 1/2줌(약 70마리), 다시마 3장(10*10cm), 물 4L

1 육수용 멸치와 다시마를 준비한다.
2 내장을 세서한 멸치는 마른 팬에 수분이 날아가도록 볶거나 접시에 넓게 편 상태로 전자레인지에서 1분 40초~2분 정도 돌린다.
3 주전자(또는 냄비)에 준비한 재료를 넣고 뚜껑을 덮어 센 불에서 끓인다.
4 물이 끓으면 다시마를 건지고, 약한 불에서 1시간 동안 멸치를 우린다.
 └ 뚜껑은 비스듬하게 열어둡니다.

소고기 육수
◊ **재료** 소고기 양지머리(국거리용) 500g, 물 3L

1 소고기는 찬물에 25~30분간 담가 핏물을 뺀다.
2 냄비에 물, 핏물 뺀 소고기를 넣고 센 불로 끓인다.
3 물이 끓기 시작하면 국물 위로 뜬 거품을 걷어내고, 약한 불로 줄인 뒤 냄비 뚜껑을 비스듬하게 덮어 1시간~1시간 10분간 끓인다.

육수 보관법
육수는 완전히 식힌 뒤 유리병 혹은 페트병에 담아 냉장고에 넣어 요리 시 활용한다.

Point
◊ 페트병은 한 번 정도만 사용해요. 오래 두고 먹을 육수는 지퍼백에 담아 냉동 보관합니다.

04 진수성찬이 필요 없는 냄비밥 짓기

진수성찬이 차려져 있어도 '밥'이 맛없으면 소용 없어요. 갓 지어 김이 모락모락 나는 맛있는 '밥'만 있으면 열 반찬이 부럽지 않아져요. 우리 밥상에 기본이 되는 냄비밥 짓는 법을 알려드립니다.

냄비밥
♦ **재료** 4인 기준/쌀 3컵(쌀 계량컵), 물 3컵(쌀 계량컵)

1 준비한 쌀을 3~4번 씻는다. 처음 헹군 물은 바로 버리고, 두세 번째에는 강하지 않게 조물조물 씻는나.
2 쌀을 30분 정도 불린다. 불릴 때는 물에 담가 불리지 않고 체에 밭쳐 쌀에 남아 있는 수분으로 불리는 것이 좋다. 물에 완전히 담가두게 되면 쌀의 상태에 따라 물을 제각각 흡수하여 밥물을 잡기도 어렵고 맛이 없어진다.
3 밥물을 맞춘다. 밥물을 조절하는 방법은 생각보다 간단하다. 불리기 전, 쌀의 양과 동일한 물을 준비하면 된다. 쌀 계량컵으로 3컵 준비했으면 물도 쌀 계량컵으로 3컵 동일하게 준비한다.
   ㄴ 단, 차가운 생수를 준비해야 해요. 차가운 생수로 밥을 지으면 밥맛이 훨씬 좋고 식감도 좋아집니다.
4 불린 쌀과 물을 냄비에 담고 뚜껑을 연 채 센 불로 끓인다. 밥물이 바글바글 끓기 시작하면 뚜껑을 덮고 중약 불에서 15분간 끓인다.
   ㄴ 센 불로 끓일 때 냄비 뚜껑을 닫으면 밥물이 넘칠 수 있어요.
   　중간중간 냄비 뚜껑을 열어 주거나, 애초부터 냄비 뚜껑을 열고 끓입니다.
5 가스 불을 끄고 뚜껑을 덮은 채 5분간 뜸을 들인다.
6 5분 후 다시 센 불로 올려 1분 30초~2분간 끓인다.
7 밥을 다 푸고 난 뒤 숟가락을 이용해 누룽지를 살살 긁어낸다.

Point
♦ 찌개를 끓일 때 사용하는 쌀뜨물은 쌀을 세 번째 헹군 물을 사용하면 좋아요.
♦ 완두콩이나 불린 서리태 등을 넣고 밥을 짓고 싶다면 물을 넣고 마지막에 불린 콩 종류를 올려요.
♦ 누룽지 없이 밥을 짓고 싶은 경우 ④에서 약한 불로 15분간 끓여주세요. 또한 ⑥의 과정은 생략합니다.
♦ 누룽지는 그대로 먹어도 좋고 약간의 물을 부어 한소끔 끓인 뒤 눌은밥을 끓여 먹어도 좋습니다.

 영상으로 만나는 냄비밥

05 누구나 할 수 있는 재료 손질법

요리를 하다 보면 손질하기 쉽지 않은 재료들이 생기기 마련입니다. 그중에서도 생닭이나 갑각류를 어려워하는 분들이 많습니다. 하지만 직접 아래 과정을 따라 해보면 생각보다 난이도가 높지 않아서, 다음에 같은 재료로 다시 한번 요리를 해야 하는 상황에서 당황하지 않게 될 거예요.

생닭
생닭의 생김새 때문에 꺼리는 분들이 많지만 생각보다 손질하기 쉬워요.

1 꽁지를 지른디.
> └ 누린내의 주범으로 잘라내야 깔끔한 요리가 됩니다.

2 날개 끝을 자른다.
> └ 살이 없어 조리하고 나면 뼈만 앙상하게 남아요.

3 목 주변 지방을 제거한다.
> └ 목과 몸통이 이어지는 부분에 기름기가 많습니다.

4 배의 정중앙을 가른다.
> └ 삼계탕은 그대로 조리하지만,
>   백숙은 배를 갈라 조리합니다.

5 내장 및 불순물을 제거한다.

6 뱃속 중간중간 보이는 기름기를 제거한다.

꽃게
갑각류가 낯설게 느껴져도 아래 방법을 따라 하면 충분해요.

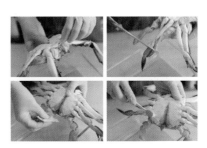

1 배 딱지를 뜯어내거나 꾹 눌러 이물질을 빼낸다.
> └ 배 딱지에 이물질이 많으니 제거 혹은
>   꼼꼼한 손질이 필요합니다.

2 다리 끝 살이 없는 부분은 가위로 잘라낸다.

3 입 주변의 불필요한 부위를 잘라낸다.

4 주방 솔이나 새 칫솔을 사용해 구석구석 깨끗이 닦는다.

Point
꽃게찜(꽃게 4마리 기준)

◊ 찜솥에 물 6컵(1.2L)과 된장 1스푼을 풀고 찜기를 올린 뒤 센 불로 끓인다.

◊ 물이 끓으면 꽃게의 배가 위를 향하도록 올리고, 소주 1/2컵(100mL)을 뿌린다.

◊ 뚜껑을 덮고 센 불에서 15분간 찌고, 가스 불을 끄고 뚜껑 덮은 채 8분간 뜸 들인다.

06 재료 본연의 맛을 살리는 찜 조리법

양배추
◊ **재료** 양배추 1/4통, 물 2컵(400mL)

1 양배추는 심지를 사선으로 자르고, 한 겹 한 겹 뜯는다.
2 냄비에 양배추 넣은 뒤 양배추가 1/3 정도 잠길 정도의 물을 넣는다.
　└ 양배추는 두꺼운 부분은 아래로, 얇은 부분은 위로 가도록 쌓아요.
3 냄비 뚜껑을 덮고, 가스 불을 센 불로 올리고 9분간 삶는다.
4 시간이 되면 가스 불을 끄고 뚜껑을 덮은 채 1분간 뜸 들이고 한 김 식힌다.

Point
◊ 가스 불을 켰을 때를 기준으로 7분 끓이면 아삭한 식감, 9분 끓이면 푹 익어 부드러운 식감의 양배추 찜이 됩니다.

달걀
◊ **재료** 달걀, 물 2와 1/2컵(500mL)

1 달걀은 찌기 전 미리 실온에 두어 미지근한 상태로 만든다.
　└ 냉장고에서 꺼내 바로 찌면 껍질이 다 깨집니다.
2 찜기에 물을 넣고 센 불로 끓인다. 김이 오르면 중약 불로 줄이고 달걀을 올리고 뚜껑을 닫는다.
3 15분 찐 후 달걀을 꺼내 찬물에 담가 식힌다.

시간에 따른 익힘 정도

초당 옥수수

◊ **재료** 초당 옥수수 3개, 물 3과 1/2컵(700mL), 소금 1작은술

1 초당 옥수수의 껍질은 한 겹 정도 남기고 벗긴다.
2 찜기에 물을 넣어 센 불로 끓이고, 김이 올라오면 옥수수를 올린다.
3 옥수수 위에 소금을 골고루 뿌린다.
4 뚜껑을 덮고 중강 불에서 15분간 찐다. 가스 불을 끄고 냄비 뚜껑을 덮은 채 5분간 뜸 들인다.

Point

◊ 초당 옥수수는 찌는 것이, 찰옥수수는 뉴슈가와 소금을 넣은 물에 삶아 먹는 것이 맛있어요.

감자

◊ **재료** 감자 6개, 물 2와 1/2컵(500mL), 꽃소금 1/2스푼, 설탕 1스푼

1 감자는 깨끗이 씻어 껍질을 벗긴다.
2 냄비에 감자를 넣고 물을 넣는다. 꽃소금과 설탕을 넣고 냄비 뚜껑을 연 채 센 불에서 끓인다.
3 물이 끓으면 냄비 뚜껑을 닫고, 중간 불로 줄여 20분간 삶는다.

Point

◊ 물은 감자 끝이 살짝 드러날 정도에 맞춰요. 물이 적으면 속이 익지 않고, 많으면 감자가 으스러져요.
◊ 중간중간 간이 잘 배도록 한두 번 감자를 뒤집어 주세요.
◊ 물이 완전히 졸아들 때까지 중간 불에서 끓입니다. 감자가 냄비에 살짝 눌어붙을 때까지 삶으면 감자 겉에서 분이 나고 포슬포슬해져 더 맛있습니다.

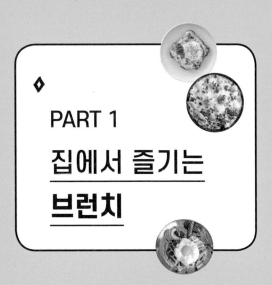

◇

PART 1

집에서 즐기는
브런치

토마토 달걀 볶음

다이어트를 하거나 요리할 시간이 없을 때 간편하게 만들어 먹기 좋은 요리가 바로 '토마토 달걀 볶음'이에요. 간단한 재료를 이용해 후다닥 만들 수 있는 요리이자, 저탄고지 식단에 1순위로 손꼽히는 토마토 요리이기도 합니다.

2인분 | 5분

재료 달걀 3개, 작은 토마토 3개(또는 방울토마토 8개), 대파 1/4대, 양파 1/4개, 마늘 5쪽, 버터 1스푼, 소금 1작은술, 올리브 오일 1과 1/2스푼
양념 굴 소스 1스푼, 설탕 1/2스푼, 후춧가루 약간

19

**만
들
기**

1 마늘은 편 썰고, 양파는 굵게 다지고, 대파는 송송 썬다.
   토마토는 4등분(방울토마토는 1/2등분) 하여
   웨지 모양으로 썬다.
2 달걀은 소금을 넣고 곱게 푼다.

3 달군 팬에 버터를 녹인 뒤 약한 불로 줄이고,
    달걀 물을 붓고 휘저어 익히고 덜어 둔다.

4 올리브 오일을 팬에 두르고 대파, 양파, 마늘을 넣어
    중간 불에서 2분~2분 30초간 볶는다.

5 토마토와 양념을 넣고 1분 동안 가볍게 볶는다.

6 볶아둔 달걀을 넣고 재빨리 볶아 마무리한다.

시금치 프리타타

커피 한 잔과 맛있는 브런치 요리로 여유를 만끽하고 싶을 때는
'시금치 프리타타'가 제격이에요. 이탈리아식 오믈렛인 프리타
타는 달걀을 풀어 육류나 채소 등의 재료를 넣고 치즈를 올려
구운 요리입니다. 근사하고 맛도 좋아 손님에게 대접하기도 좋
으니 시도해 보세요.

2인분 | 20분 | 오븐

재료 시금치 1줌, 달걀 3개, 양파 1/4개, 베이컨 3줄, 모차렐라
　　　치즈 100g, 방울토마토 10개, 올리브 오일 1스푼
　　　양념 우유 1/4컵(50mL), 소금 1꼬집, 후춧가루 약간

1   시금치는 깨끗이 씻고, 베이컨은 0.5cm 폭으로 썬다.
    양파는 채 썰고, 방울토마토는 반으로 썬다.
2   달걀에 양념을 약간 넣고 푼다.

3 팬에 올리브 오일을 두르고 양파를 넣어
  1분 30초 볶은 뒤 베이컨을 넣어 1분 더 볶는다.
  추가로 시금치를 넣어 30~40초 짧게 볶는다.
4 오븐 용기에 볶은 재료를 담고, 방울토마토를 올린다.
5 달걀 물을 붓고 모차렐라 치즈를 올린다.
6 200℃로 예열된 오븐에서 15분 동안 굽는다.

김치 불고기 부리토

부리토는 한 끼 식사로 훌륭한 요리입니다. 밥 먹을 시간이 없거나 장시간 이동해야 할 때 먹기도 간편해 자주 만들어요. 특히나 '김치 불고기 부리토'는 한국인의 입맛에 잘 맞는 재료들을 사용해 호불호 없이 맛있고 든든하게 즐길 수 있어요.

3~4인분 | 50분

재료 토르티야 5장, 돼지고기(불고깃감) 200g, 김치 1/6포기(250g), 밥 1/2공기(100g), 양파 1/4개, 상추 3장, 양배추 1장, 모차렐라 치즈 200g, 식용유 1스푼, 들기름 1스푼
불고기 양념 진간장 3스푼, 올리고당 2스푼, 맛술 1스푼, 다진 마늘 1스푼, 참기름 1/2스푼, 후춧가루 약간

**만
들
기**

1 돼지고기에 불고기 양념을 넣고 30분간 재운다.

2 김치는 소를 털고 잘게 다진다.

3 양배추, 양파, 상추는 채 썬다.

4 팬을 예열한 뒤 식용유를 두르고 밑간을 한 돼지고기를 넣어
　센 불에서 고기가 익을 때까지 약 2분 30초~3분간 볶는다.

5 또 다른 팬을 예열한 뒤 들기름을 두르고
　다진 김치를 넣어 2분 30초~3분간 볶은 뒤
　밥을 넣고 다시 한번 볶는다.

6 토르티야 위에 치즈를 듬뿍 올리고 볶은 재료와
　　채 썬 채소를 올린다.

7 재료가 튀어나오지 않도록 토르티야 양 끝을 잡아 덮고,
　　랩으로 감싼 뒤에 반으로 썬다.

Point

◇ 김치가 푹 익었다면 설탕 1스푼을 넣고 10분간 재워요. 설탕이 김치
　의 신맛을 잡아줍니다.

◇ 아이들과 함께 먹는다면 채 썬 양파는 찬물에 10~15분 정도 담갔다
　가 물기를 탈탈 털어냅니다. 찬물에 담갔다가 먹으면 맵지 않게 먹을
　수 있어요.

뢰스티

'뢰스티'는 스위스의 대표적인 가정식으로 집에 감자가 있다면 한 번쯤 도전해 볼 만합니다. 색다른 감자 요리를 즐기고 싶을 때 이보다 더 좋은 메뉴가 있을까요? 바삭한 식감과 고소한 맛이 특히 일품이랍니다.

2인분 ┃ 15분

재료 감자 3개, 양파 1/2개, 베이컨 3줄, 달걀 2개, 루꼴라 약 간, 파마산 치즈 가루 2스푼, 식용유 3스푼, 그라나 파다 노 치즈 약간

1 감자는 껍질을 벗기고 얇게 채 썬다.

2 채 썬 양파, 파마산 치즈 가루를 넣고 골고루 섞는다.

3 팬을 예열하고 식용유를 두른 뒤 재료를 올려
동그랗게 모양을 잡고, 중약 불에서 4~5분간 굽는다.

4 뒤집어 남은 면을 부치고 달걀부침, 볶은 베이컨,
루꼴라, 그라나 파다노 치즈를 갈아 올린다.

Point

♦ 강판을 사용하면 쉽게 감자를 채 썰 수 있습니다.

♦ 보통 감자 요리를 할 때는 손질 후 찬물에 담가 전분기를 제거하지만,
뢰스티를 만들 때는 전분을 제거하지 않아요.

연어 샐러드

브런치를 말할 때 샐러드가 빠질 수 없겠죠? 특히 무더운 여름 날이나 요리할 기운이 없는 날에는 되도록 불 안 쓰는 요리가 하고 싶어져요. 굵게 다진 연어에 약간의 간을 하고 채소와 곁들이면, 신선하고 부담 없는 '연어 샐러드'가 완성됩니다.

1인분 | 35분

재료 연어회 200g, 레몬즙 1과 1/2스푼, 소금 1꼬집, 후춧가루 약간, 풋고추 1/2개, 어린잎 채소 1줌
소스 마요네즈 3스푼, 고추냉이 1스푼

1 연어는 완두콩 크기로 잘게 썬다.

2 보울에 연어, 다진 고추, 레몬즙, 소금,
후춧가루를 넣고 골고루 섞는다.

3 소스를 골고루 섞는다.

4 작은 유리컵에 담아 랩을 씌우고 냉장고에서
20~30분 숙성한 뒤 접시에 어린잎 채소와
연어를 담고 소스를 올린다.

달걀 토스트

남녀노소 누구나 좋아할 '달걀 토스트'는 에어프라이어로 만드는 요리 중 최고라고 칭해도 과언이 아니겠죠? 한 번 먹으면 계속 생각나는 '달걀 토스트'에 빠지면, 주기적으로 만들어 먹게 될 것이라고 장담해요.

2인분 | 15분 | 에어프라이어

재료 식빵 2장, 달걀 2개, 버터 2스푼, 슈가 파우더(또는 설탕) 3스푼, 마요네즈 적당히, 모차렐라 치즈 2스푼, 파슬리 가루 약간

1 빵 한 면에 버터를 각각 바른다.

2 버터 바른 면에 슈가 파우더를 골고루 뿌린다.

3 빵 가장자리에 마요네즈를 2겹으로 올린다.

  ∟ 마요네즈를 꼼꼼히 발라야 달걀이 옆으로 새지 않아요.

4 모차렐라 치즈를 올리고 달걀 1개를 올린 뒤
  노른자를 터트린다.

  ∟ 노른자를 터트리지 않으면 노른자 윗부분만 익어
    딱딱해질 수 있습니다.

5   에어프라이어에 넣고 180℃에서 11~12분간 돌린다.

Point

◊ 버터는 미리 실온에 꺼내 말랑한 상태에서 바릅니다. 만약 냉장고에
　서 바로 꺼내 딱딱한 상태라면 전자레인지에 10~20초 정도 돌려요.
◊ 반숙 상태로 익히고 싶을 땐 180℃로 8~9분 정도가 적당해요.

프렌치토스트

아침에는 차가운 샌드위치보다 갓 구워 따끈따끈한 '프렌치토 스트'가 안성맞춤이에요. 부드러우면서 달콤함이 가득해 기분 좋은 아침을 열어줄 테니까요. 또한 아침잠이 많은 분도 빠르 게 만들 수 있어요. 막 일어나 입맛이 없는 아이들과 남편도 고 소하고 달달한 맛에 빠져 두세 조각을 금방 먹어 치웁니다.

2~3인분 | 15분

재료 식빵 5장, 달걀 4개, 우유 1/2컵(100mL), 버터 3스푼,
시럽 기호에 따라
양념 설탕 1스푼, 소금 1꼬집

만
들
기

1 달걀에 우유와 양념을 넣고 곱게 푼다.

2 달군 팬에 버터 1스푼을 녹인다.

3 식빵에 달걀물을 골고루 입혀 팬에 올린다.

4 중간 불에서 식빵이 타지 않도록 양쪽 면을
  노르스름하게 굽는다.

5 접시에 구운 빵을 올리고 기호에 따라 시럽, 버터
한 조각을 올려 먹는다.

Point

◆ ③에서 달걀 물에 미리 빵을 담가 놓으면 눅눅해지기 때문에, 버터를
녹이며 달걀 물을 입히는 것이 좋아요.
◆ ④에서 나머지 식빵을 구울 땐 버터를 1/2스푼씩 추가하며 구워요.
◆ 식빵을 구울 때 팬의 모양에 따라 원을 그리며 구우면 가장자리까지
노르스름하게 구울 수 있어요.

클라우드 에그

보기 좋은 떡이 먹기도 좋다는 속담을 들어보셨죠? '클라우드 에그'는 이름처럼 구름을 연상시키는 사랑스러운 생김새의 달걀 요리입니다. 그 모양새 때문에 아이들이 무척이나 흥미를 느끼고 먹는 재미가 있어요.

4인분 | 20분 | 오븐

재료 달걀 4개
와플 반죽 팬케이크 믹스 250g, 버터 60g, 물 2/3컵 (150mL), 달걀 1개
개인 기호 소시지, 아보카도, 블루베리

<table>
<tr><td>만
들
기</td><td>

1 달걀의 노른자와 흰자를 분리한다.

2 흰자는 거품기를 활용해 머랭을 만든다.

3 오븐 팬에 종이 포인을 깔고 머랭 친 흰지를
구름 모양으로 올린다.
   └ 숟가락으로 떠서 살살 눌러가며 모양을 잡아주세요.

4 180℃ 예열된 오븐에 넣고 4~5분간 굽는다.

5 와플과 개인 기호 재료를 담고 구운 흰자 위에
노른자를 올린다.

</td></tr>
</table>

Point

♦ 만들고자 하는 클라우드 에그의 분량만큼 달걀을 준비해 주세요.
♦ ②에서 거품기가 없다면 손으로 머랭을 칠 수 있어요. 머랭은 온도가
낮을수록 치기 편하니, 달걀흰자를 냉장고에 잠깐 넣어두었다가 쳐주
세요.
♦ 노른자를 살짝 익히고 싶을 때는 흰자를 2~3분간 굽고 노른자를 올
려 1~2분간 더 굽습니다.

**와
플
만
드
는
법**

1 달걀에 물을 넣어 곱게 푼다. 팬케이크 믹스와
녹인 버터를 넣고 골고루 섞는다.

2 와플 팬에 반죽을 나누어 붓고 노르스름하게 굽는다.

과일 사라다

처치 곤란한 과일 때문에 머리가 아팠던 경험이 누구에게나 있습니다. 그럴 때는 '과일 사라다'를 만들어 보면 어떨까요? 냉장고 털기에도 좋고 맛도 좋으니 일거양득의 효과를 누릴 수 있습니다. 저만의 양념 비법으로 만드는 맛있는 '과일 사라다'를 알려드릴게요.

3~4인분 | 10분

재료 사과 2개, 귤 2개, 땅콩 1줌, 오이 1/2개, 적양배추 1장, 삶은 달걀 2개(또는 삶은 메추리알 7~8개), 건포도 1/2줌
밑간 양념 소금 1작은술, 사과식초 1스푼, 설탕 1과 1/2스푼
양념 마요네즈 7스푼

1 오이는 세로로 4등분하고 씨를 제거하여
적당한 크기로 썬다.

2 귤은 껍질을 까고 적양배추는 길게,
삶은 달걀과 사과는 오이와 같은 크기로 썬다.
  └ 사과는 갈변되니 마지막에 썰어요.

3 보울에 준비한 재료를 모두 담고 밑간 양념을 넣어
   버무린다.
4 마요네즈를 넣고 재료와 잘 어우러지게 다시 한번
   버무린다.

Point

◊ 기호에 따라 밤이나 고구마 등의 재료를 준비해도 좋아요.

감자 샐러드

보통 우리가 생각하는 감자 샐러드는 달걀과 감자를 으깨서 설탕과 마요네즈를 버무린 형태입니다. 하지만 제가 보여드릴 '감자 샐러드'는 달걀과 감자를 으깨지 않고 식감을 살려 먹는 샐러드라 조금 특별해요. 든든한 아침 혹은 아침 겸 점심 메뉴로 제격인 '감자 샐러드'로 풍족한 시간을 보내보세요.

2~3인분 | 28분

재료 감자(작은 크기) 5개, 달걀 3개, 물 2컵(400mL), 마늘 8쪽, 대파 1대, 파슬리 가루 약간
양념 버터 2스푼, 소금 약간, 후춧가루 약간

1 감자는 껍질을 벗겨 반으로 썰고, 달걀은 흐르는
  물에 깨끗이 씻는다. 물을 넣은 찜기에 감자와 달걀을
  넣고 센 불로 끓인다.

2 물이 끓기 시작하면 중간 불로 줄이고 15분 동안 찌다가
  가스 불을 끈 뒤 5분 더 뜸을 들인다.

3 웍에 버터 1스푼을 녹이고 마늘을 넣어 중약 불에서
  2분간 볶고 대파를 넣은 뒤 소금, 후춧가루로 간하고
  1분 더 볶는다.

4 마늘과 대파를 덜고 다시 버터 1스푼을 녹여
   삶은 감자의 겉이 노르스름해지도록 볶는다.

5 접시에 볶은 마늘과 대파, 삶은 달걀을 반으로
   썰어 올린다.

Point

◊ ①에서 감자와 달걀을 함께 삶으면 조리 시간을 절약할 수 있어요.
   단, 달걀은 미리 깨끗이 씻어 감자와 함께 찝니다.

크로크무슈

프랑스 요리 '크로크무슈'의 크로크(Croque)는 '바삭한'을, 무슈(Monsieur)는 '아저씨'를 뜻해요. 이 요리는 광산의 광부들이 식은 샌드위치를 난로에 데워먹던 것에서 유래되었으니 신기하죠? 카페나 빵집에서 많이 판매하는 '크로크무슈'를 집에서 직접 만들면 더 저렴하고 맛있게 먹을 수 있습니다.

2인분 | 20분 | 오븐

재료 식빵 4장, 베이컨 2줄(또는 슬라이스햄 2장), 슬라이스 치즈 2장, 모차렐라 치즈 1줌(80g)
베샤멜 소스 버터 2와 1/2스푼, 밀가루 2와 1/2스푼, 우유 3/4컵(150mL), 소금 1작은술, 후춧가루 약간

만
들
기

1 오목한 팬이나 작은 냄비를 예열한 뒤
버터를 넣어 약한 불에서 녹이고, 밀가루를 넣어
약한 불에서 타지 않게 볶는다.

2 우유를 2~3번 나누어 넣으며 골고루 섞는다.

　└ 뭉쳐지기 시작할 때 우유를 조금씩 나누어 넣고,
　　한 방향으로 저어가며 섞어요.

3 마지막 우유를 부을 때 소금과 후춧가루를 넣고
물기 없이 부드러운 크림 형태가 될 때까지 저어가며
끓인다.

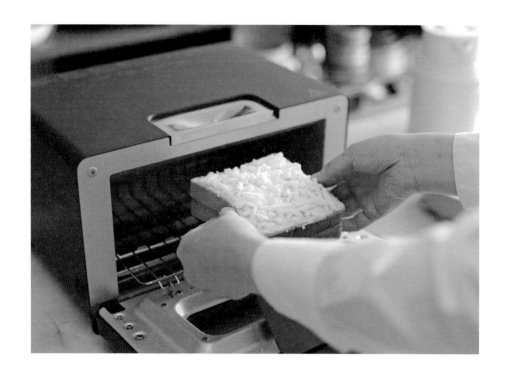

4   식빵 위에 베샤멜 소스를 바르고 슬라이스 치즈와
    베이컨, 식빵을 순서대로 올린다.

5   다시 베샤멜 소스를 듬뿍 바르고 모차렐라 치즈를 올려
    180℃ 예열된 오븐에서 치즈가 노릇하게 녹을 때까지
    10분간 굽는다.

Point

◊ 가염 버터를 사용한다면 소금은 생략해도 됩니다.

과카몰레

체중 감량을 계획 중이거나 속 편하게 끼니를 해결하고 싶을 때 아보카도를 찾는 사람들이 많아요. 아보카도는 불포화지방산, 노폐물, 콜레스테롤을 줄이는 데 도움이 되고 다양한 비타민 성분으로 장점이 많은 재료예요. 아보카도를 가장 맛있게 즐길 수 있는 요리를 알려드릴게요.

2인분 | 15분

재료 아보카도 2개, 양파 1/4개, 토마토(작은 크기) 1개, 할라페뇨 약간(생략 가능)

양념 레몬즙 1스푼, 올리브 오일 2스푼, 소금 1꼬집, 후춧가루 약간

<table>
<tr><td>만
들
기</td><td>

1 아보카도는 씨 제거 후 껍질을 벗기고 으깬다.

2 속을 제거한 토마토와 양파는 굵게 다진다.

3 으깬 아보카도에 채 썬 재료를 넣고 양념을 넣어
골고루 섞는다.

</td></tr>
</table>

1 아보카도는 씨 제거 후 껍질을 벗기고 으깬다.

2 속을 제거한 토마토와 양파는 굵게 다진다.

3 으깬 아보카도에 채 썬 재료를 넣고 양념을 넣어
골고루 섞는다.

Point

◊ **과카몰레를 맛있게 먹는 법**

과카몰레는 그냥 먹어도 맛있지만 구운 바게트에 올려 먹어도 참 맛
있어요. 바게트에 버터와 파슬리 가루를 뿌려 살짝 굽고 과카몰레를
올려 먹어보세요.

1 씨앗을 중심으로 빙 둘러 가며 칼집을 낸다.

2 아보카도를 양손으로 잡고 각각 반대 방향으로
비틀어 돌린다.

3 칼로 콕 찍어 씨앗을 뺀다.

4 껍질을 벗긴다.

양배추 샐러드

코울슬로로 불리기도 하는 '양배추 샐러드'는 햄버거집에서 많이들 접하는 곁들임 음식입니다. 샐러드처럼 즐기기에도 좋고, 핫도그 빵이나 모닝빵 사이에 가득 채워 샐러드 빵처럼 먹어도 맛있죠. 아삭거리는 식감은 먹는 재미를 알려주고 가볍게 배를 채우기에도 좋습니다.

2~3인분 | 13분

재료 채 썬 양배추 3과 1/2줌(220g, 1/6통), 채 썬 당근 1줌
(50g), 깍뚝 썬 오이 1줌(45g)
절임 양념 사과식초 2스푼, 소금 1작은술
양념 레몬즙 1스푼, 설탕 1과 1/2스푼, 허니머스타드 3/4
스푼, 마요네즈 4스푼

**만
들
기**

1 양배추, 당근은 채 썰고 오이는 작게 깍둑깍둑
썰어 준비한다.

2 보울에 썬 재료를 넣고 절임 양념을 넣고 버무려
10분간 절인다.

3 체에 밭쳐 물기를 빼고, 키친 타월로 물기를
  꼼꼼하게 제거한다.
4 양념을 넣고 버무린다.

PART 2

하루가
풍성해지는
메인 요리

돼지 등갈비 구이

집에서 파티를 계획하고 있거나 특별한 날을 더 특별하게 만들고 싶을 때, '돼지 등갈비 구이'보다 좋은 메뉴가 있을까요? 많이들 바비큐 폭립으로 부르기도 하는 이 요리는 등갈비에 양념을 발라 구울 뿐인데 일품요리로 완성됩니다. 집에서 외식하는 기분을 느껴보세요.

3~4인분 | **45분**(핏물 빼기 2시간)

재료   등갈비 1kg

등갈비 삶는 재료 된장 1과 1/2스푼, 양파 1/2개, 대파(흰대) 1/2대, 월계수 잎 2장, 마늘 10쪽, 통후추 1/2스푼, 소주 5스푼(또는 청주 3스푼), 물 7과 1/2컵(1.5L)

바비큐 소스 시판 바비큐 소스 8스푼, 올리고당 2스푼, 토마토케첩 3스푼, 맛술 3스푼, 생강 가루 1작은술, 다진 마늘 2스푼, 후춧가루 1작은술

1 등갈비는 찬물에 2시간 동안 담가 핏물을 뺀다.

└ 물은 30~40분 간격으로 갈아준다.

2 냄비에 청주를 제외한 등갈비 삶는 재료와
핏물 뺀 등갈비를 넣고 센 불로 끓인다.

└ 물이 끓기 시작할 때 소주(청주)를 넣어야 누린내가 제거됩니다.

└ 된장은 풀어서 넣어주세요.

3 센 불에서 15분간 삶은 뒤 등갈비를 건지고,
등갈비 뒤에 있는 얇은 껍질(막)을 제거한다.

4 오븐 팬에 삶은 등갈비를 올리고 바비큐 소스를 골고루
바른 뒤 200℃로 예열된 오븐에서 10분 굽는다.

5 바비큐 소스를 전체적으로 한 번 더 바르고
200℃에서 8분 더 구워 마무리한다.

Point

◊ 등갈비를 굽는 시간은 사용하는 오븐에 따라 차이가 있습니다. ⑤에
서 8분 정도 구운 뒤에 부족하다면 2~3분 더 구워주세요. 등갈비를
자른 뒤 양념을 발라 구워도 됩니다.

굴 보쌈

김장철이 다가오면 생각나는, 밥과 먹어도 맛있고 술을 곁들여도 좋은 메뉴가 바로 '굴 보쌈'이에요. 돼지고기 수육은 잡내를 없애는 게 관건이라면 관건이에요. 잡내 하나 없이 맛있고 야들야들 잘 삶아진 수육은 세상 부러운 것 없는 한 끼를 선사해준답니다. 또한 잘 무친 굴을 곁들이면 입이 즐거워져요.

3~4인분 | 50분

재료 돼지고기 앞다릿살 1kg, 굴 400g

수육 삶는 재료 물 9컵(1.8L), 대파 1/2대, 양파 1/2개, 마늘 10쪽, 월계수 잎 2장, 된장 1과 1/2스푼, 진간장 5스푼, 통후추 1스푼, 설탕 2스푼, 소주 1/2컵(50mL)

굴 무침 무 1토막(3cm 두께), 당근 1/3개, 배 1/3개, 쪽파 5대

굴 세척 물 2와 1/2컵(500mL), 소금 1/2스푼

굴 밑간 양념 멸치액젓 1/2스푼, 맛술 1스푼, 다진 마늘 1/2스푼

굴 무침 양념 고춧가루 3스푼, 멸치액젓 1/2스푼, 설탕 1스푼, 레몬즙 1스푼(또는 식초 1/2스푼), 다진 마늘 1/2스푼, 통깨 1스푼, 소금 약간

선택 청양고추 2~3개, 마늘 3쪽, 상추(또는 알배추) 약간

1   냄비에 소주를 제외한 수육 삶는 재료를 넣고
    센 불로 끓인다.
    ㄴ 된장은 덩어리지지 않도록 잘 풀어주세요.

2   물이 팔팔 끓으면 돼지고기와 소주를 넣고,
    다시 팔팔 끓을 때까지 기다렸다가 센 불보다 조금
    약하게 가스 불을 줄이고 40분간 삶는다.
    ㄴ 물이 끓을 때 소주를 넣어야 고기의 잡내가 날아가요.

3   굴은 옅은 소금물에 넣고 살살 흔들어 씻는다.

4   배, 무, 당근은 채 썰고 쪽파는 적당한 길이로 썬다.

5   씻은 굴은 물기를 빼고 반을 나눠, 굴 밑간 양념을 넣고
    10분간 재운다.

6 밑간한 굴에 썬 재료, 굴 무침 양념을 넣고 골고루 무친다.

7 잘 익은 고기는 한 김 식혀 먹기 좋은 크기로 썰고,
   준비한 굴과 굴 무침을 접시에 담는다.

Point

◊ 수육을 만들 때 간장을 넣으면 수육의 색도 예뻐지고 간도 배서 맛있
  어요. 설탕은 고기의 육질을 부드럽게 해줍니다.

◊ 800g~1kg 분량은 35분~40분 정도 삶는 것이 적당합니다. 너무 오
  래 익히면 고기가 퍽퍽해지므로 삶는 시간을 잘 맞추어 끓이는 게 좋
  아요.

◊ 고기가 뜨거울 때 썰면 부서지니 한 김 식혀 썰어요. 썰기 전에 젓가
  락으로 고기를 찔러보고, 핏물이 나오지 않는다면 속까지 잘 익은 거
  예요.

목살 스테이크

'목살 스테이크'는 홈파티에 가장 잘 어울리는 메뉴 중 하나예요. 특별한 날에는 고기가 꼭 있어야 한다는 게 저의 철칙! 만들고 나면 화려한 요리지만, 생각보다 간단하게 만들 수 있어서 기분 내기 좋아요. 근사한 음식으로 식탁을 풍성하게 만들어 보세요.

2인분 | 45분

재료 돼지고기 목살 4쪽(400g), 샐러드 채소 1줌, 마늘 5쪽, 달걀 2개, 양파 1개, 방울토마토 약간, 올리브 오일 1과 1/2스푼, 소금 약간, 후춧가루 약간

목살 밑간 양념 청주 1과 1/2스푼, 다진 마늘 1/2스푼, 소금 약간, 후춧가루 약간

스테이크 소스 진간장 1스푼, 굴소스 1스푼, 올리고당 2스푼, 청주 1스푼, 맛술 1스푼, 물 1/2컵(100mL), 후춧가루 약간

---

1 목살은 칼등으로 두드려 넓게 펴고, 목살 밑간 양념을
   바른 뒤 25분~30분간 재운다.

2 팬에 올리브 오일을 두르고 양파, 방울토마토, 마늘을
   올린 뒤 소금 약간, 후춧가루를 뿌려 굽는다.

3 또 다른 팬을 예열한 뒤 밑간한 목살을 올리고
   센 불에서 앞뒤로 1분씩 굽는다.

4 스테이크 소스를 섞어 반만 부은 뒤 중간 불에서 끓이고,
소스가 다 졸아들면 남은 소스를 부어서 한 번 더 조린다.

5 접시에 조린 스테이크와 달걀부침, 구운 채소, 샐러드
채소를 올려 마무리한다.

고갈비 구이

생선이 비리다는 이유로 생선을 꺼리는 아이들이 더러 있습니다. 그럴 때는 양념장으로 비린 맛을 잡아 '고갈비 구이'를 해주면 어떨까요? 조리거나 굽는 고등어 요리가 비슷하게 느껴질 수도 있지만, 지금 소개하는 '고갈비 구이'는 겉은 바삭하고 속은 촉촉해 감히 베스트라 칭해도 좋지 않을까 싶습니다.

2인분 ｜ 20분

재료　고등어 1마리, 다진 대파 1줌(1/4대), 전분 가루 약간, 통깨 약간, 식용유 2스푼

양념 고운 고춧가루 2스푼, 고추장 2스푼 진간장 3스푼, 맛술 5스푼, 매실청 4스푼, 다진 마늘 1과 1/2스푼, 참기름 1/2스푼

만들기

1 고등어는 흐르는 물에 씻고 지느러미를 자른 뒤
   키친 타월로 물기를 없앤다.

2 전분 가루를 골고루 입히고 탁탁 털어 전분 가루가
   뭉치지 않게 한다.
   ㄴ 전분 가루를 입혀 구우면 고등어 살이 부서지지 않고
      예쁘게 구울 수 있어요.

3 달군 팬에 식용유를 두르고 고등어를 중약 불에서
   앞뒤로 노르스름하게 굽는다.
   ㄴ 고등어 등이 팬에 닿도록 올리고, 뒤집개로 살살 눌러 구워요.

86

4 약한 불로 줄이고 양념을 넉넉히 바른다.

  ㄴ 양념이 금방 타므로 약한 불로, 고등어를 완전히 익힌 상태에서
    양념을 발라요.

5 다진 파를 골고루 뿌리고 가스 불을 끈다.

제육 볶음

'제육 볶음'은 한국인의 소울 푸드라고 해도 과언이 아닙니다. 특히 이 레시피는 혼자 알고 싶은 레시피 중 하나지만, 여러분들 께는 꼭 공유해 드리고 싶었어요. 밥 두 그릇도 뚝딱 해치우게 하는 '제육 볶음'을 맛보세요.

3~4인분 | 27분

재료 돼지고기 앞다릿살(제육용) 500g, 식용유 1과 1/2스푼, 대파 1/2대

앞다릿살 밑간 양념 진간장 2스푼, 다진 마늘 1스푼, 맛술 1스푼, 후춧가루 약간

양념 고춧가루 4스푼, 진간장 2스푼, 맛술 1스푼, 올리 고당 2스푼, 설탕 1스푼, 다진 마늘 1스푼, 참기름 1스푼, 후춧가루 약간

만
들
기

1 돼지고기 앞다릿살에 밑간 양념을 넣고 버무려
   15분~20분간 재운다.

2 양념은 미리 섞어 놓는다.

3 팬에 식용유를 두르고 밑간한 돼지고기를 넣어
   센 불에서 3분~3분 30초간 볶는다.
   └ 고기가 완전히 익을 때까지 익혀주세요.
      두꺼운 고기를 사용한다면 4분 이상 센 불에서 볶아주세요.

90

4 양념을 넣고 고기와 양념이 어우러지도록
  센 불에서 가볍게 볶는다.
5 대파를 넣고 30~40초 더 볶아 마무리한다.

오징어 볶음

매콤하고 쫄깃한 '오징어 볶음'이 유난히 끌리는 날이 있습니다. 오징어를 질겅질겅 씹어주면 이상하게 스트레스가 풀리는 것 같기도 해요. 소면을 삶아 비벼 먹어도 맛있고, 밥 위에 '오징어 볶음'을 얹어 덮밥을 해 먹어도 참 맛있습니다.

3~4인분 | 10분

재료　오징어(큰 크기) 2마리(또는 중간 크기 오징어 3마리), 양
　　　　배추 1/6통, 대파 1/2대, 다진 마늘 1스푼, 식용유 4스푼
　　　　양념 고춧가루 4스푼, 진간장 3스푼, 맛술 2스푼, 올리
　　　　고당 3스푼, 설탕 1스푼, 참기름 1스푼
　　　　마무리 양념 고춧가루 1스푼, 올리고당 1스푼, 통깨 1스푼

1 오징어는 손질해 일정한 두께로 썬다.
   대파는 사용분의 반은 다지고 반은 어슷 썰고,
   양배추는 0.5cm 두께로 썬다.

2 양념을 섞은 뒤 오징어를 넣고 버무려 놓는다.

3 팬에 식용유를 두르고 중간 불에서 다진 마늘을
   넣어 타지 않게 30~40초간 볶고, 다진 대파를 넣어
   1분~1분 30초 정도 더 볶는다.

4 양배추를 넣고 양배추의 숨이 살짝 죽을 때까지
   센 불에서 2분간 볶는다.
   ㄴ 양배추에서 수분이 많이 나오기 때문에 계속 센 불을
     유지하는 게 좋아요.

5 양념에 버무린 오징어를 넣고 센 불에서 오징어가
   익을 때까지 볶는다.

6 마무리 양념과 어슷 썬 대파를 넣고 한 번 더 볶아
   마무리한다.

Point

◊ 오징어는 오래 볶으면 질겨지므로 오래 볶지 않습니다.

◊ 기호에 따라 소면을 삶아 함께 비벼 먹어도 맛있어요.

닭볶음탕

'닭볶음탕'은 주말이나 저녁에 먹기 좋은 음식이에요. 저로 말씀드릴 것 같으면 닭과 관련된 모든 것을 좋아해서 바로 전날 치킨을 먹었어도 다음 날 '닭볶음탕'이 생각난답니다. '닭볶음탕'은 밖에서 사 먹으려고 하면 가격이 만만치 않아요. 그런데 생각보다 간단하게 뚝딱 만들 수 있다는 거 아시나요?

3~4인분 | 50분

재료 닭 1마리(1kg), 감자 3개, 당근 1/2개, 양파 1개, 대파 2대, 마늘 20쪽, 식용유 1과 1/2스푼, 물 3컵(600mL), 청양고추 2개

양념 고춧가루 7스푼, 진간장 7스푼, 고추장 1과 1/2스푼, 설탕 2스푼, 맛술 3스푼, 올리고당 1스푼, 다진 마늘 2스푼, 생강 가루 1/2작은술, 후춧가루 약간

마무리 양념 고춧가루 1스푼, 소금 약간

만
들
기

1 닭은 흐르는 물에 깨끗이 씻어 물기를 빼고,
  감자, 양파, 당근은 한입 크기로, 대파는 세로로 길쭉하게,
  마늘은 편으로 썬다.

2 닭고기에 양념을 1/2만 넣고 버무린 뒤 20분간 재운다.

3 웍에 식용유를 두르고 버무린 닭을 넣어 중간 불에서
  1분 30초~2분간 볶는다.
  └ 겉이 하얗게 변할 정도로만 살짝만 볶아주세요.

4 양파, 당근, 감자를 넣고 1분 더 볶는다.

5 물과 남은 양념을 모두 넣고 센 불에서 끓인다.
   국물이 끓기 시작하면 중약 불로 줄이고 17~18분간 끓인다.

6 감자가 다 익었으면 대파, 편 썬 마늘을 올리고
   마무리 양념으로 간을 하고 뚜껑 덮어 중약 불에서
   7~8분간 더 끓인다.

소꼬리찜

'소꼬리찜'을 생소하게 생각하는 분들이 있지 않을까 싶습니다. 하지만 소꼬리를 푹 끓이면 야들야들한 식감 덕분에 아이들도 거부감 없이 맛있게 먹는 메뉴랍니다. 맛있는 양념과 쫄깃한 식감이 더해진 별미로 복날 메뉴로 추천해요.

4인분 | 2시간 50분(핏물 빼기 2~3시간)

재료 소꼬리 1kg~1.5kg, 당근 1/4개, 무 1/6개, 홍고추 1개, 대파 1/3대, 표고버섯 3개

소꼬리 삶는 재료 물 15컵(3L), 양파 1개, 대파 1/2대, 월계수 잎 2장, 통후추 1/2스푼, 파 뿌리 1개, 마늘 7~8쪽, 생강 가루 1/2스푼, 청주 3스푼

양념 소꼬리 삶은 육수 2와 1/2컵(500mL), 진간장 12스푼, 매실청 3스푼, 맛술 1스푼, 요리당 3스푼, 다진 마늘 2스푼, 후춧가루 1/2스푼, 참기름 1스푼

만들기

1 소꼬리는 찬물에 2~3시간 담가 핏물을 뺀다.

ㄴ 중간에 2~3번 물을 갈아주세요.

2 소꼬리가 잠길 만큼 물을 붓고 센 불에서 끓인다.

물이 팔팔 끓으면 5분 더 끓이고,

데친 소꼬리는 찬물로 헹군 뒤 물기를 뺀다.

3 큰 솥(냄비)에 삶을 재료를 넣고 센 불로 끓인다.

물이 팔팔 끓으면 약한 불로 줄여 1시간 30분 동안 삶는다.

ㄴ 소꼬리의 잡내가 날아갈 수 있게 냄비 뚜껑을 비스듬하게

놓고 삶아주세요.

4 삶은 소꼬리를 건져 냄비에 담고 삶은 육수와
   양념을 넣고 센 불에서 끓인다.

5 팔팔 끓으면 중간 불로 줄여 7분간 더 끓이고
   동글게 썬 무, 당근을 넣어 약한 불에서 15분간
   뚜껑 덮고 조리고, 길게 썬 대파와 어슷 썬 홍고추를
   넣고 약한 불에서 10분 더 조려 마무리한다.

대패 삼겹살 파채 볶음

밥이랑 먹어도 맛있고 술이랑 먹어도 맛있는 반주용 요리들이 있어요. 저와 남편은 오붓하게 한잔할 때가 많은데, 가장 편안한 공간에서 편안한 차림으로 맛있는 요리와 함께하면 하루의 묵은 스트레스가 해소되더라고요. 그럴 때 자주 준비하는 우리 집 요리를 소개합니다.

1인분 | 20분

재료 냉동 대패 삼겹살 300g, 대파 2대(또는 파채 3줌/ 230g), 양파 1/4개, 소금 1꼬집, 후춧가루 약간
파채 양념 진간장 3과 1/2스푼, 고춧가루 3스푼, 올리고 당 1스푼, 매실청 1스푼, 설탕 1스푼, 사과식초 1과 1/2스 푼, 다진 마늘 1스푼, 참기름 1스푼

1 양파는 채 썬다.

2 양념을 골고루 섞는다.

3 파채, 양파에 양념을 넣고 무친다.

4 팬을 달궈 냉동 대패 삼겹살을 올리고 볶는다.

5 고기가 살짝 익으면 소금과 후춧가루를 뿌려
   한 번 볶는다.

6 고기를 한쪽으로 밀어두고 버무린 파채를 올려
   파무침과 고기가 잘 어우러지도록 볶는다.

Point

◆ 너무 오래 볶으면 파의 숨이 죽고, 고기가 퍽퍽해지므로 빠르게 요리
   를 완성해요.

파
채
써
는

법

1 대파는 깨끗이 씻고 9~10cm 길이로 썬 뒤
   세로로 칼집을 낸다.

2 가운데 단단한 심지 부분은 빼고, 돌돌 만다.

3 가늘게 채 썬다.

4 파채 칼을 사용할 경우 대파를 1/2 또는 1/3등분
   하고 파채 칼로 긁어가며 썬다.

함박스테이크

요즘 어렸을 때의 기억이 많이 떠올라요. 저에게 '함박스테이크'는 유년기의 향수를 불러일으키는 음식이에요. 아빠 회사 근처에 커다란 경양식 집이 있었는데, 문득 그곳의 맛이 그리워져서 '함박스테이크'를 만들게 되었답니다. 이 요리로 여러분들도 추억 여행을 떠나보시기를 바랄게요.

1인분 | 20분

재료   **양파 양념** 올리브 오일 1스푼, 소금 약간, 후춧가루 약간
     패티 소고기 다짐육 400g, 양파 1/2개, 다진 마늘 1/2스푼, 빵가루 5스푼, 토마토케첩 1스푼, 소금 1/2스푼, 식용유 1스푼
     소스 버터 1스푼, 양파 1/2개, 양송이버섯 3~4개, 물 1/2컵(100mL), 돈가스 소스 1/2컵(100mL), 토마토케첩 1스푼
     으깬 감자 감자(중간 크기) 3개, 물 1스푼, 소금 1/2스푼, 후춧가루 약간, 버터 2스푼, 우유 1/2컵(100mL)

1 패티에 들어갈 양파는 다져서 양파 양념을 약간 넣고
중간 불에서 약 2분간 볶는다.
ㄴ 한 번 볶아서 수분을 날려줍니다.

2 보울에 볶은 양파와 나머지 패티 재료를 넣고 찰기가
생기도록 여러 번 치댄다.

3 반죽은 둥글게 빚고 손바닥으로 납작하게 눌러가며
모양을 잡는다.

4 감자는 껍질을 벗기고 물을 1스푼 넣어 랩을 씌운 뒤
전자레인지에 넣고 7분간 돌려 익힌다.

5 뜨거울 때 물을 제외한 으깬 감사 새료를 넣고
골고루 섞어 으깬 감자를 만든다.

6 팬에 버터를 녹이고 양파를 채 썰어 넣어 중간 불에서
1분 30초간 볶는다. 썬 양송이버섯을 넣어 30~40초간
더 볶고, 물, 돈가스 소스, 토마토케첩을 넣고 골고루
섞은 뒤 중간 불에서 끓인다. 소스가 보글보글 끓으면
가스 불을 끈다.

7 팬에 식용유를 두르고 중간 불에서 예열한 뒤 패티를 올려
익힌다. 바닥 면이 익으면 뒤집어 남은 면을 익히고,
다시 뒤집은 뒤 가스 불을 약한 불로 줄여 뚜껑을 덮어
속까지 익힌다.
ㄴ 센 불에 패티를 구우면 겉은 타고 속은 덜 익을 수 있습니다.
앞뒤로 구운 뒤 뚜껑을 덮고 약한 불에서 익혀주면 속까지
잘 익어요.

Point

◆ 패티를 만들 땐, 끝부분이 갈라지지 않도록 손가락으로 문질러 모양
을 잡아주세요. 너무 도톰하지 않게 만드는 것이 좋습니다.

◆ 으깬 감자를 더 부드럽게 만들고 싶다면 ⑤에서 우유를 추가해 주세요.

열무김치 조림

열무는 밥맛 없는 여름에 빼놓을 수 없는 존재예요. 특히 무더위에 지쳐 입맛이 없을 때 이보다 좋은 요리가 없답니다. 열무김치를 푹 끓여서 내면 다른 반찬이 필요 없을 정도이기도 하고, 며칠을 내내 먹어도 질리지 않는다는 장점이 있어요.

3~4인분 | 30분

재료 신 열무김치 2줌, 물 2컵(400mL), 김칫국물 1컵
(200mL), 들기름 3스푼, 설탕 2스푼, 국물용 멸치 10마리
마무리 양념 들기름 2스푼

만
들
기

1 냄비에 재료와 양념을 넣고 센 불에서 끓인다.

2 팔팔 끓으면 약한 불로 줄이고 냄비 뚜껑을 덮어
20분간 조린다.

3 다시 센 불로 올려 5분간 조리고 가스 불을 끈 뒤,
들기름을 두르고 마무리한다.

Point

◇ 국물용 멸치는 대가리와 내장을 제거하고 마른 팬에 볶아서 사용하면
비린내가 없어집니다.

반찬 4종

매일 색다른 요리를 내는 게 부담스러운 심정을 저도 잘 알고 있습니다. 그럴 땐 냉장고에 반찬을 몇 종 채워두면 며칠은 주방 앞에서 보내는 시간을 줄일 수 있어서, 하루 날 잡고 반찬을 만들어 두는 일상을 보내고 있어요. 우리 가족이 사랑하는 반찬들로 냉장고를 채워보세요.

소고기 장조림

신속한 상차림을 위해 만들어 두는 몇 가지 밑반찬 중 우리 아이들의 젓가락을 가장 많이 사로잡는 것이 바로 '소고기 장조림'이에요. 고기를 삶는 시간부터 완벽한 양념 비율까지 전부 알려드릴게요.

1시간 50분(핏물 빼기 25~30분)

재료　소고기 앞다릿살(또는 양짓살) 500g, 마늘 10쪽, 대파 1대, 양파 1/2개, 통후추 1/2스푼, 물 8컵(1.6L)
양념 진간장 13스푼, 맛술 3스푼, 올리고당 3스푼, 설탕 3스푼

1 소고기는 덩어리째 25~30분간 담가 핏물을 뺀다.

2 냄비에 물, 마늘, 대파, 양파, 통후추, 핏물 뺀 소고기를 넣고
   센 불로 끓인다. 물이 보글보글 끓기 시작하면 거품을
   걷어내고, 최대한 약한 불로 줄여 1시간 10분간 삶는다.

3 고기 삶은 재료를 모두 건지고, 삶은 고기는 한 김 식힌 뒤
   결대로 찢는다.

4 육수에 양념을 넣고 센 불로 끓인다. 양념이 끓기 시작하면
   중약 불로 낮추고 뚜껑을 덮어 15분간 끓인다.

5 고기를 넣고 중간 불에서 10분간 더 조린다.
   ㄴ 더 짭조름하게 먹고 싶다면 진간장을, 달콤하게 먹고 싶으면
      올리고당을 추가해 주세요.

Point

◆ 정육점에서 장조림용 소고기를 달라고 하면 대부분은 사태 부위를 줘요. 사태는 장조림보다는 소고기 수육
  을 만들기에 더 어울립니다. 하지만 앞다릿살이나 양짓살을 사용하면 더 기름지고 부드러운 장조림을 만들
  수 있어요.

달걀장

'달걀장'은 만들어서 따뜻한 밥 위에 올려 스윽 비벼 먹으면 한 끼가 뚝딱 해결돼요. 끼니 해결에 좋기 때문에 개인적으로 많이 활용하는 레시피예요.

20분

재료 달걀 10개, 양파 1/2개, 청양고추 2~3개, 홍고추 1개, 물 4컵(800mL)
양념장 진간장 1컵(200mL), 물 1컵(200mL), 설탕 2/3컵(130mL), 다진 마늘 1스푼, 통깨 1스푼

만들기

1 냉장고에서 달걀을 미리 꺼내 미지근한 상태로 만든다.
└ 차가운 상태의 달걀은 깨질 수 있으므로 잠시 상온에 두세요.

2 찜기에 물을 넣고 뚜껑 덮어 센 불로 끓인다. 물이 팔팔 끓어 김이 나면 달걀을 넣고 뚜껑을 덮는다.

3 약한 불로 줄여 7분간 찐다.

4 찐 달걀은 차가운 얼음물에 담가 완전히 식힌 뒤 껍질을 깐다.
└ 볼록한 부분을 살살 깨서 껍질을 까면 잘 까져요.

5 양파는 굵게 다지고, 청양고추와 홍고추는 잘게 다진다.

6 양념을 섞은 뒤 다진 채소를 넣고 골고루 섞는다.

7 반숙 달걀에 양념을 붓는다.

Point

♦ ②처럼 찜기에 넣고 달걀을 찌면 껍질이 잘 까지고 반숙으로 만들기 좋아요. 특히 반숙 달걀은 껍질 까는 것이 힘들기 때문에 찜기가 유용합니다.

♦ 냉장고에 3~4시간 두어 흰자가 갈색으로 변했다면 딱 먹기 좋은 타이밍입니다.

매운 감자조림

아이들에게 최애 반찬이 있듯이 어른들에게도 최애 반찬이 존재합니다. '매운 감자조림'은 남편의 최애 감자 반찬이자, 매운 음식을 못 먹던 아이들이 성장함에 따라 우리 아이들도 맛있게 먹는 반찬이에요.

23분

재료 감자(중간 크기) 3개, 대파 1대, 식용유 1스푼, 다진 마늘 1스푼, 물 1컵(200mL)
양념 고춧가루 2스푼, 고추장 2스푼, 진간장 2와 1/2스푼, 설탕 1스푼, 올리고당 1스푼, 소금 약간

만들기

1 감자는 껍질을 벗겨 약 0.5cm 두께로 썰고,
  찬물에 10분간 담가 전분기를 제거한다.

2 대파는 어슷 썬다.

3 냄비에 식용유를 두르고, 약한 불에서 다진 마늘을
  약 40초간 볶은 뒤 감자를 넣고 중간 불에서
  1분 30초~2분간 볶는다.

4 물과 섞은 양념을 넣고 센 불로 끓인다.

5 끓기 시작하면 뚜껑을 덮고 중간 불에서 약 6분간 조린다.

6 부족한 간은 소금으로 맞추고 대파를 넣고 약한 불에서
  2분~2분 30초간 더 조린다.

Point

♦ ①에서 둥근 형태를 유지하며 썰면 모서리 부분이 부서지지 않아 모양 예쁜 감자조림을 만들 수 있어요.

♦ 더 매콤한 감자조림을 먹고 싶다면 대파를 넣을 때 어슷 썬 청양고추를 추가해 주세요.

♦ ⑤에서 소멸치를 반줌 넣어 조리면 감칠맛이 늘어요.

진미채 볶음

진미채는 간장으로 슥슥 볶아도 맛있지만, 고추장으로 볶는 방법이 가장 클래식하고 맛있습니다. 무엇보다 제가 소개해 드릴 '진미채 볶음'의 관건은 촉촉함이라고 봐도 과언이 아니에요. 밑반찬이 시간이 지남에 따라 수분이 빠져 맛이 없어지면 손이 잘 가지 않지만, 이 방법을 따라 하신다면 일주일 내내 부드럽게 드실 수 있습니다.

5분

재료 진미채 250g, 마요네즈 2스푼
양념 고추장 3스푼, 진간장 1/2스푼, 설탕 1스푼, 올리고당 3스푼, 물 3스푼, 다진 마늘 1스푼

만들기

1 진미채는 가위로 먹기 좋게 1~2회 자른다.

2 마요네즈를 넣고 버무린다.

3 팬에 섞은 양념을 넣고 가스 불을 중간 불로 켠다.

4 양념이 보글보글 끓기 시작하면 1~2회 저어준 뒤 가스 불을 끈다.

5 마요네즈에 버무린 진미채를 넣고 양념이 잘 배게 버무린다.

Point

◊ 마요네즈를 넣으면 고소한 맛이 배가 됩니다.

◊ 진미채 볶음을 만들 때 양념과 함께 볶는 경우가 많습니다. 뜨거운 불에 볶을 경우 시간이 지나면 진미채가 딱딱해지므로 양념만 끓여 버무리는 게 좋습니다.

PART 3

마음을
따뜻하게 해주는
국물 요리

된장찌개 2종

된장찌개는 우리 한국인들에게 떼려야 뗄 수 없는 존재입니다. 된장에 어떤 재료를 곁들이느냐에 따라 색다른 맛이 나타나고 뜨끈한 국물에 속까지 든든하게 채워지죠. 집 안 가득 구수한 냄새가 퍼질 때면 오늘 하루도 잘 마무리했다는 포근한 포만감을 느낀답니다.

냉이 된장찌개

봄이면 달래, 취나물, 미나리 등의 다양한 나물들을 활용해 봄의 맛을 만끽하곤 해요. 특히 냉이는 손질 후 데쳐서 요리하면, 은은한 향이 퍼지며 기분 좋은 하루를 선물해 줍니다.

4인분 | 30분

재료 냉이 2줌(100g), 애호박 1/2개, 양파 1/4개, 표고버섯 4개, 대파 1/2대, 풋고추 1개, 홍고추 1개, 두부 1/2모, 쌀뜨물 1컵(200mL)

양념 된장 2스푼, 고춧가루 1/2스푼, 다진 마늘 1스푼

육수 쌀뜨물 3과 1/2컵(700mL), 국물용 멸치 1줌(15마리), 다시마 2장(5*5cm)

만
들
기

1 냄비에 육수 재료(쌀뜨물은 2와 1/2컵)를 넣고
   센 불로 끓인다. 끓으면 다시마를 건지고,
   약한 불에서 멸치만 8분 더 우린 뒤 건진다.

2 손질한 냉이는 2~3등분으로, 애호박과 표고버섯 등
   준비한 재료는 먹기 좋게 썬다.

3 육수에 남겨 놓은 쌀뜨물 1컵을 넣고 된장을 푼다.

4 두부와 냉이를 제외한 준비한 재료를 넣고 센 불로 끓인다.
   끓기 시작하면 국물 위로 뜨는 거품은 숟가락으로 걷어낸다.

5 팔팔 끓으면 중간 불로 1분, 약한 불로 10분간 끓인다.

6 중간 불로 올리고 다진 마늘과 고춧가루를 넣는다.

7 두부와 냉이를 넣고 중약 불에서 2~3분 더 끓인다.

Point

♦ 집마다 사용하는 장맛이 다르니 ③에서는 장맛을 고려하여 1과 1/2~2스푼을 넣어주세요. 된장을 풀 땐 체
  에 밭쳐 풀면 덩어리지지 않고 잘 풀어져요.

우렁 된장찌개

시골 밥집이나 오래된 식당에 가면 구수하고 진한 찌개 맛이 일품입니다. 그런 곳에서 먹는 된장찌개는 크게 기교를 부리지 않았는데 어떻게 이런 맛이 나나 싶어요. 소개해 드릴 '우렁 된장찌개'는 우렁이의 쫄깃함과 된장의 구수함이 어우러지며, 오랜 세월 한자리를 지켜온 식당에서 사 먹는 것 같은 든든한 개운함을 느낄 수 있습니다.

4인분 | 25분

재료 우렁이 1과 1/2줌(120g), 조선호박 1/3개(또는 애호박 1/2개), 감자(작은 크기) 2개, 대파 1대, 홍고추 1개, 두부 1/3모, 쌀뜨물 4와 1/2컵(900mL)

양념 된장 2스푼, 고추장 1/2스푼, 고춧가루 1/2스푼, 맛술 1스푼, 다진 마늘 1스푼

만들기

1 대파는 손가락 한 마디 길이로, 호박과 감자, 두부는 깍둑깍둑 썰고, 홍고추는 어슷하게 썬다.

2 두부, 홍고추를 제외한 채소에 섞은 양념을 넣고 버무린다.

3 마른 냄비에 양념에 버무린 채소를 넣고 약한 불에서 1분 동안 볶는다.

4 쌀뜨물 3컵(600mL)을 넣고 센 불에서 끓인다.

5 국물이 끓으면 위로 뜨는 거품을 걷어내고 우렁이를 넣은 뒤 중간 불에서 약 3분간 더 끓인다.

6 남은 쌀뜨물 1과 1/2컵(300mL)을 넣고 센 불로 끓인다. 팔팔 끓으면 약한 불로 줄여 10분간 뭉근하게 끓인다.

7 두부, 홍고추를 넣고 한소끔 끓여 마무리한다.

Point

◊ 쌀뜨물을 한 번에 다 넣지 않고 나누어 넣는 이유는 자박하게 끓이며 채소에 간이 배게 하려고 입니다. 처음부터 쌀뜨물을 다 넣고 끓이는 것과 자박하게 끓이다 쌀뜨물을 추가하는 것의 맛의 차이가 크답니다.

된장국 3종

너무 쉬워서 "이게 다야?" 하시는 분들이 있으실 수도 있는 된장국을 세 종류 소개해 드리려고 해요. 시금치, 시래기, 미소 된장을 활용한 된장국을 소개하고 있지만 집에 있는 재료로 변주도 가능하니 활용도가 높으실 거예요.

시금치 된장국

뜨끈하고 맑은 국물이 끌릴 때는 시금치와 조개류를 넣고 시원한 된장국을 끓여요. 채소를 좋아하지 않는 아이들을 물론이고 온 가족이 맛있게 먹을 수 있는 국이라 그만큼 자주 하게 됩니다.

4인분 | 30분

재료 시금치 1단, 바지락 3줌, 대파 1대
육수 쌀뜨물 9컵(1.8L), 국물용 멸치 20마리, 다시마 3장(5*5cm)
양념 된장 2스푼, 고춧가루 1/2스푼, 다진 마늘 1스푼

1 냄비에 육수 재료를 넣고 센 불에서 끓인다.
팔팔 끓기 시작하면 다시마를 건지고, 약한 불에서
15분간 멸치를 우린 뒤 멸치를 건져낸다.

2 다시 센 불로 올리고 육수가 팔팔 끓을 때 해감한
바지락을 넣고 1분간 끓인다.

3 된장을 체에 밭쳐 풀고, 다진 마늘과 고춧가루를 넣는다.

4 씻어 손질한 시금치와 송송 썬 대파를 넣고
1분~1분 30초간 끓인다.

Point

◊ 더 시원하게 먹고 싶다면 바지락을 넣을 때 건새우를 1/2줌 넣어주
세요.

◊ 된장을 체에 밭쳐 풀어주면 덩어리가 지지 않고 잘 풀어지므로, 된장
에 포함된 건더기들이 국물에 뜨지 않아 깔끔한 된장국을 만들 수 있
어요. 사용하는 된장의 염도 차이가 있으니 간을 보며 된장의 양을 조
절해요.

시래기 된장국

'시래기 된장국'은 보글보글 맛있게 끓여서 따끈한 흰 쌀밥과 김치와 함께 먹으면 그렇게 맛이 좋아요. 쌀뜨물로 육수를 우리고 들깻가루까지 풀어 넣어서 된장과 국물이 분리되지 않고 잘 어우러져 더욱 맛이 좋습니다.

4인분 | 25분

재료 삶은 무청 시래기 2줌(200g), 대파 1/2대, 된장 1/2스푼, 들깻가루 2스푼

육수 쌀뜨물 7과 1/2컵(1.5L), 국물용 멸치 12마리, 다시마 2장(5*5cm)

밑간 양념 된장 1과 1/2스푼, 고춧가루 1/2스푼, 다진 마늘 1스푼

1   삶은 시래기는 2~3등분으로 썰고, 대파는 송송 썬다.

2   시래기에 밑간 양념을 넣고 버무린다.

    └ 양념에 한 번 버무려 끓이면 깊은 맛이 납니다.

3   육수 재료를 넣고 센 불에서 끓이고, 물이 끓으면 다시마를
    건진 뒤 15분 동안 약한 불에서 멸치만 우려 건진다.

4   들깻가루에 육수 2스푼을 넣고 골고루 풀어준다.

5   멸치 육수에 밑간한 시래기를 넣고 센 불로 끓인다.
    팔팔 끓으면 중간 불로 줄여 7분 끓인다.

6   송송 썬 대파를 넣고 3분 더 끓인다.

    └ 끓는 중간중간 국물 위에 뜬 거품은 걷어내요.

7   10분 후 간을 보고 심심하면 된장 1/2스푼을 추가한다.

8   육수에 풀어 놓은 들깻가루를 넣고 한소끔 끓인다.

1 마늘을 편으로 썬다.

2 큰 솥에 물과 밀가루, 설탕을 넣고 센 불에 끓인다.

└ 밀가루가 덩어리 지지 않게 풀어줘요.

3 물이 팔팔 끓기 시작하면 말린 시래기의 잎 부분부터 넣고
센 불보다 조금 약하게 줄여 35분간 삶는다.

└ 1묶음 정도 소량을 삶을 땐 물 3L, 밀가루와 설탕은

각 3스푼씩, 삶는 시간은 25분 정도가 적당합니다.

4 중간중간 시래기를 섞어주며 골고루 삶는다.

5 가스 불을 끄고, 편 썬 마늘을 넣은 뒤 냄비 뚜껑을 덮어
20분간 뜸을 들인다.

6 찬물에 2~3번 헹구고 물기를 짠 뒤 껍질을 벗긴다.

Point

◊ 삶은 시래기는 한 번 먹을 분량씩 나누어 지퍼백에 담고 바로 먹을 것
은 냉장고에, 오래 두고 먹을 것은 냉동실에 보관해요. 냉동실에 보관
할 땐 물 1컵을 부어 함께 얼리면 시래기를 해동해서 먹을 때 질겨지
지 않습니다.

재료 말린 시래기 3묶음(360g), 물 6L, 설탕 1/3컵(65g), 밀
가루 1/3컵(65g), 마늘 7쪽

미소 된장국

이른 아침에는 늘 시간이 부족하기 때문에 시간과 공을 들여서 식사를 준비하기가 어렵습니다. 이럴 땐 간단한 국물 요리를 준비해 빈속을 채우면 좋습니다. 소개해 드릴 레시피에서는 바지락을 사용하고 있지만, 불린 미역과 두부, 팽이버섯 등 집에 있는 재료로 바꿔 끓여 먹어도 돼요.

4인분 | 5분

재료 물 5컵(1L), 바지락 3줌(25~30개), 쪽파 3대, 미소 된장 2스푼, 쯔유 1/2스푼(또는 국간장 1스푼)

만
들
기

1 냄비에 물을 넣고 센 불에서 끓인다. 물이 끓기 시작하면
   미소 된장을 풀어서 넣는다.

2 바지락을 넣고 바지락이 입을 벌릴 때까지 3~4분간
   센 불로 끓인다.

3 쯔유를 넣어 한소끔 끓여 마무리하고, 쪽파를 썰어 올린다.

Point

◊ 조금 더 진한 미소 된장국을 먹고 싶다면 기호에 따라 미소 된장을
   1/2~1스푼을 더 풀어주세요. 국의 간이 입맛에 맞을 경우, 쯔유나 국
   간장을 넣지 않아도 됩니다.

김치찌개 2종

된장찌개에 이어 김치찌개 또한 한국인이 떼려야 뗄 수 없는 국물 요리입니다. 시원하면서도 아삭하고 살짝 매콤한 맛까지 더해져서 아무리 먹어도 질리지 않는 김치찌개를 두 종류 소개해 드릴 거예요. 돼지고기를 넣을지 참치를 넣을지는 여러분의 취향에 맞게 선택해 주세요.

돼지고기 김치찌개

한국인들이 사랑하는 김치찌개는 어떻게 끓여도 맛있는 국물 요리라고들 합니다. 하지만 생각보다 김치찌개를 맛있게 끓이기 쉽지 않죠. 이럴 때면 '김치가 별로인가'라는 생각을 하게 돼요. 그간 다양한 방법으로 김치찌개를 끓여온 제가 가장 기본적이고 맛있는 요리법을 소개할게요.

1인분 | 20분

재료 신김치 1/4포기(썰어서 3줌), 돼지고기 250g, 대파 1/2대, 두부 1/2모, 멸치 육수 5컵(1L), 김칫국물 1/4컵 (50mL), 식용유 1스푼, 설탕 1/2스푼, 청양고추 1~2개 (선택)

돼지고기 밑간 양념 고춧가루 2스푼, 맛술 2스푼, 다진 마늘 1스푼, 후춧가루 약간

육수 물 6컵(1.2L), 국물용 멸치 12마리, 다시마 2장 (5*5cm)

만
들
기

1 냄비에 육수 재료를 넣고 센 불에서 끓인다.
물이 팔팔 끓으면 다시마를 건지고 약한 불로 줄여
국물용 멸치만 15분 더 우린 뒤 멸치를 건져낸다.
ㄴ 멸치 육수가 있다면 물은 5컵(1L)만 준비하세요.

2 돼지고기를 썰어 밑간 양념에 버무려 놓는다.

3 김치는 소를 턴 뒤 먹기 좋은 크기로 썰고,
두부는 일정한 두께로, 대파는 어슷하게 썬다.

4 냄비에 식용유를 두르고 밑간한 돼지고기를 넣어
중간 불에서 1분 30초~2분간 볶는다.

5 고기의 겉면이 살짝 익으면 김치를 넣고
2분 30초~3분간 볶는다.

6 멸치 육수, 김칫국물을 넣고 센 불로 올린다. 바글바글
끓기 시작하면 중약 불로 줄이고, 약 12~13분간 끓인다.

7 두부, 대파와 설탕을 넣고 1~2분간 더 끓인다.

참치 김치찌개

돼지고기 김치찌개가 풍성한 맛을 선사한다면, '참치 김치찌개'의 경우에는 시원하고 개운핫 맛을 선사해요. 푸짐한 건더기와 딱 맞는 간의 국물을 떠서 먹다 보면 행복감을 느낀답니다. 명절 때 들어온 참치 통조림을 이용해 시원한 '참치 김치찌개'를 만들어 보면 어떨까요?

4인분 | 40분

재료 김치 1/4포기(썰어서 3줌), 참치 통조림 1캔(150g), 대파 1/3대, 홍고추 1개, 쌀뜨물 2컵(400mL), 들기름 1스푼, 김칫국물 2스푼, 설탕 1/2스푼, 고춧가루 1스푼, 다진 마늘 1/2스푼, 청양고추 1~2개(선택)

만
들
기

1 냄비에 참치 통조림 기름과 들기름을 넣고
중간 불에서 예열한다.

2 김치와 설탕을 넣고 중간 불에서 2분 30초~3분간 볶는다.
  ㄴ 김치의 익힘 정도에 따라 설탕을 더 추가해도 됩니다.

3 김칫국물, 고춧가루, 다진 마늘, 쌀뜨물, 참치를 넣고
센 불로 끓인다.

4 팔팔 끓으면 중간 불로 줄여 4분 더 끓이고 대파,
홍고추 넣고 한소끔 끓인다.

149

오징어국

유난히 피곤한 날에는 피로 회복에 좋은 오징어 요리가 제격이에요. 말갛게 끓이면 시원함이 가득해 어린아이부터 어른까지 온 가족 식사 메뉴로도 좋고, 전날 과음을 했다면 해장에도 좋아요. 재료 본연의 맛을 살렸고 맵지도 않아 속이 편안한 '오징어국'을 알려드릴게요.

4인분 | 30분

재료 오징어 2마리, 무(작은 크기) 1/3개, 대파 1/2대, 홍고추 1개, 다진 마늘 1스푼, 소금 1/2스푼
육수 물 7과 1/2컵(1.5L), 국물용 멸치 15마리, 다시마 3장(5*5cm)

1 무는 도톰하게 채 썰고, 홍고추는 어슷하게,
대파는 송송 썰어 준비한다.

2 오징어는 내장을 제거하고 일정한 두께로 썬다.

3 냄비에 육수 재료를 넣고 센 불로 끓인다.
물이 끓기 시작하면 다시마를 건지고, 약한 불로 줄여
국물용 멸치만 15분 더 끓인 뒤 건진다.

4 다시 센 불로 올려 육수가 팔팔 끓기 시작하면
무를 넣고 중간 불에서 5분 끓인다.

ㄴ 무가 익을 때까지 끓여주세요. 크기에 따라 익는 시간이 다릅니다.

5 다진 마늘, 오징어, 대파, 홍고추, 소금을 넣어
센 불에서 2분간 끓인다. 가스 불을 끄기 전에 부족한
간은 소금으로 채운다.

ㄴ 다진 마늘을 체에 걸러 넣으면 국물이 깔끔해져요.

조개탕

간단한 국물 요리를 찾을 땐 이만한 게 없죠. 시원한 국물은 하루의 피로를 씻겨주고 무엇보다 시간이 오래 걸리지 않는 요리라는 점이 가장 큰 장점입니다. 조개류에는 철분이 많이 함유되어 있고, 아연도 풍부해서 성장기 아이들이 먹기에도 좋아요.

4인분 | 20분

재료   동죽(또는 바지락) 500g, 대파 1/2대, 청양고추 2개, 홍고추 1개, 물 7컵(1.4L)

만들기

1 동죽을 찬물에 여러 번 문질러 헹군다.

2 대파는 어슷 썰고, 청양고추와 홍고추는 송송 썬다.

3 냄비에 물과 해감한 동죽을 넣고 센 불에서 끓인다.

4 물이 끓기 시작하면 국물 위로 뜨는 거품을 걷어낸다.

5 동죽이 입을 벌리면 가스 불을 끄고 동죽을 건진다.

6 끓인 국물은 면포에 한 번 걸러낸다.

    └ 불순물이 가라앉기 때문에 면포에 한 번 거르면

       국물이 깔끔해져요.

7 면포에 거른 국물은 다시 냄비에 담고 센 불로 올린다.

8 소금과 후춧가루로 간을 하고 미리 삶아둔 동죽과 대파,
   청양고추, 홍고추를 넣은 뒤 보글보글 끓으면 가스 불을 끈다.

Point

◆ 보통 마트에서 판매하는 조개류는 해감이 다 되어 있지만, 해감이 안
   되어 있는 조개를 구매했다면 옅은 소금물에 담가 검은 비닐봉지나
   은박지를 덮고 약 2시간 동안 해감합니다.

◆ 조개류는 너무 오래 끓이면 질겨지니, 입이 벌어지면 바로 건져내 주
   세요. 바지락, 홍합 등 모든 조개류도 같습니다.

호박젓국

'호박젓국'은 간단한 재료로 풍성한 맛을 느낄 수 있는 국물 요리예요. 국물이 자박해 마치 찌개 같기도 하고 국 같기도 한데, 누구나 손쉽게 만들 수 있는 쉬운 요리이기도 해요. 담백한 맛이 일품인 '호박젓국'과 함께해 보세요.

4인분 | 20분

재료 조선호박(또는 애호박) 1개, 양파 1/4개, 들기름 2스푼
양념 고춧가루 2스푼, 국간장 1/2스푼, 새우젓 1스푼, 맛술 1스푼, 멸치 가루 1/2스푼(또는 멸치 육수 1과 1/2컵), 물 1과 1/2컵(300mL), 다진 마늘 1/2스푼, 참기름 1스푼

1 조선호박은 일정한 두께로 반달썰기하고,
   양파는 한입 크기로 썬다.

2 썬 호박에 고춧가루, 국간장, 새우젓, 맛술을 넣고
   버무려 10분간 재운다.

3 냄비에 들기름을 두르고 양념에 버무린 호박을 넣어
   중간 불에서 1분간 볶는다.

4 물, 다진 마늘, 멸치 가루, 양파를 넣고 골고루 섞은 뒤
   센 불에서 끓인다.

5 팔팔 끓기 시작하면 중간 불로 줄이고, 냄비 뚜껑을 덮어
  약 5분간 더 끓인다.

6 가스 불을 끄고 참기름을 둘러 섞어 마무리한다.
  ∟ 가스 불을 끄기 전, 간을 보고 부족한 간은 국간장으로 맞춰요.

동태탕

속이 따뜻하다 못해 뜨끈한 국물 요리가 먹고 싶어질 때가 있어요. 그럴 때는 '동태탕'을 끓여 먹으면 참 좋아요. 고춧가루를 적게 넣고 시원한 맛을 살려 끓인 '동태탕'은 자극적이지 않아 부담 없이 즐길 수 있는 요리입니다.

4인분 | 40분

재료 동태 1마리, 무(중간 크기) 1/3개, 대파 1대
육수 물 5컵(1L), 국물용 멸치 15마리, 다시마 2조각 (5*5cm)
양념 고춧가루 1스푼, 국간장 3스푼, 새우젓 1/2스푼, 다진 마늘 1스푼, 소금 약간, 맛술 3스푼

1 냄비에 육수 재료를 넣고 센 불로 끓인다.
 물이 팔팔 끓으면 다시마 먼저 건지고, 약한 불에서
 국물용 멸치만 12분 더 끓인 뒤 건져낸다.

2 무는 0.2~0.3cm 두께로 썰고 대파는 1.5cm 길이로
 도톰하게 썬다.

3 육수를 센 불로 올려 팔팔 끓으면 중간 불로 줄이고,
 썬 무를 넣어 15분간 끓인다.

4 대파에 맛술과 소금을 제외한 양념 재료를 넣고
 골고루 버무린다.

5 냄비에 양념에 버무린 파를 넣고 센 불에서
 약 3분~3분 30초간 끓인다.

6 손질한 동태와 맛술을 넣고 센 불에서 약 4분간 끓인다.
 가스 불을 끄기 전, 부족한 간은 소금으로 맞춘다.

Point

♦ 만약 동태 손질이 안 되어 있다면 칼로 비닐을 긁고 지느러미는 가위
 로 잘라주세요. 대가리 바로 아랫부분을 보면 초록색을 띠는 작은 내
 장이 보이는데, 이것은 쓸개로 제거해야 쓴맛이 나지 않습니다.

♦ 동태탕을 끓이는 동안 뒤적거리면 생선 살이 다 부서질 수도 있으니
 뒤적이지 않는 것이 좋아요.

♦ 국물 위로 뜨는 거품을 걷어내면 더 깔끔하고 시원한 국물 맛을 낼 수
 있어요.

♦ 다시다 등 조미료를 살짝 넣으면 사 먹는 것과 똑같은 동태탕 맛을 느
 낄 수 있어요.

콩나물국

'콩나물국'은 차갑게 먹어도, 맑게 먹어도, 얼큰하게 먹어도 맛있죠. 제가 소개할 '콩나물국'은 고춧가루를 살짝 풀어 얼큰함과 감칠맛을 살렸습니다. 깔끔함과 시원함에 반해서 자주 만들어 먹게 될 거예요.

4인분 | 27분

재료 콩나물 1봉지(250g), 대파 1/3대, 멸치액젓(또는 까나리액젓) 2스푼, 국간장 1스푼, 고운 고춧가루 1/2스푼, 다진 마늘 1스푼, 소금 약간

육수 물 10컵(2L), 국물용 멸치 10마리, 다시마 2조각 (5*5cm)

1 냄비에 육수 재료를 넣고 센 불에서 끓인다.

2 물이 팔팔 끓으면 다시마는 건지고, 멸치는 중약 불에서
15분간 우린 뒤 건진디.

3 가스 불을 센 불로 올리고 육수가 팔팔 끓을 때
멸치액젓을 넣고, 고운 고춧가루는 체에 걸러 넣는다.

4 육수가 팔팔 끓을 때 씻은 콩나물을 넣고 3분간 끓여요.

5 다진 마늘은 체에 걸러 넣고, 송송 썬 대파와 국간장을
넣어 간을 본 뒤 부족한 간은 소금으로 맞춰요.

Point

♦ 고운 고춧가루가 없다면 믹서기에 갈아 사용하세요. 국물에 들어가는
고춧가루는 굵은 것보다 고운 것을 사용해야 국물 색이 더 예뻐요.

♦ 콩나물을 삶거나 국을 끓일 때는 냄비 뚜껑을 닫지 않고 열어놓은 채
끓여요. 다 익기 전에 뚜껑을 열면 비린내가 날 수 있어요.

♦ 콩나물로 국을 끓일 때는 팔팔 끓는 육수에 넣고 3분, 무침을 만들 때
는 팔팔 끓는 물에 넣고 3분 30초간 삶아주세요.

♦ 맑은 콩나물국을 끓이고 싶다면 모든 과정과 양념은 동일하되, 고춧
가루만 제외하면 됩니다.

소고기 뭇국

'소고기 뭇국'은 습하고 무더운 여름에 많이 찾는 국이에요. 소고기를 깊게 우려서 국을 끓이면 밥투정을 하던 아이들도, 입 맛이 없던 어른들도 밥 두 공기는 거뜬히 비울 수 있어요. 시간 은 다소 걸려도 깊은 맛이 나는 레시피를 알려드니 따뜻한 국 한 그릇 준비해 보세요.

4인분 | 1시간 50분(핏물 빼기 25~30분)

재료 소고기 양지머리(국거리용) 500g, 무(중간 크기) 1/2개
(약 600g), 대파 1대, 물 15컵(3L)
양념 국간장 2스푼, 다진 마늘 1과 1/2스푼, 후춧가루
1/2스푼, 소금 적당히

만들기

1 소고기는 찬물에 25~30분간 담가 핏물을 뺀다.
   ㄴ 고기는 덩어리로 된 국거리 부위를 준비합니다.

2 냄비에 물, 핏물 뺀 소고기를 넣고 센 불로 끓인다.

3 물이 끓기 시작하면 국물 위로 뜬 거품을 걷어내고,
   약한 불로 줄인 뒤 냄비 뚜껑을 비스듬하게 덮어
   1시간~1시간 10분간 끓인다.

4 무는 나박 썰고, 대파는 송송 썬다.

5 삶은 소고기는 건져 결대로 찢는다.

6 육수에 나박 썬 무, 결대로 찢은 소고기를 넣고
  센 불로 올린다.

7 국물이 끓기 시작하면 중약 불로 줄이고 냄비 뚜껑을
  닫은 뒤 15분간 끓인다.

8 양념을 넣고 남은 간은 소금으로 맞춘다. 대파를 넣고
  4~5분 더 끓인다.

Point

◊ 소 양지머리가 국거리로는 가장 적합하지만, 가격이 비싸다는 흠이
  있어요. 그럴 땐 앞다릿살로 대체해도 좋아요.

짜글이

바쁜 일상을 보내다 보면 냉장고가 비어가는 순간이 어김없이 찾아옵니다. 채소 칸에 남은 건 무 약간과 대파뿐인 순간이 저에게만 있지 않을 거라고 생각해요. 그럴 때는 집 앞 정육점에서 고기 한 덩어리 사 와서 '짜글이'를 만들어 보세요.

4인분 | 45분

재료 돼지고기 목살 300g, 대파 1/2대, 무 1/5개(280g), 물 1과 1/2컵(300mL), 다시마 2조각(5*5cm)
밑간 양념 소금 1/2스푼, 맛술 2스푼, 후춧가루 약간
양념 고추장 1스푼, 고춧가루 1과 1/2스푼, 진간장 2스푼, 요리당 1스푼, 다진 마늘 1스푼, 설탕 1/2스푼

만들기

1   돼지고기 목살은 도톰하게 한입 크기로 썬다.
    무는 0.5cm 두께로, 대파는 4~5cm 길이로 썰고,
    물에 다시마를 불려 놓는다.
2   돼지고기 목살에 밑간 양념을 넣고 버무려 15분간 재운다.
3   냄비에 다시마 우린 물과 무, 양념을 넣고 센 불에서 끓인다.
4   보글보글 끓기 시작하면 중간 불로 줄여 10분간 끓인다.

5   돼지고기 목살을 넣고 뒤섞으며 중간 불에서
    15분간 더 끓인다.
6   대파를 넣고 1~2분 더 끓여 마무리한다.

Point

◊ 생수 대신 다시마 우린 물을 사용하면 감칠맛이 배가 됩니다.

닭개장

칼칼하고 얼큰하며 진한 국물이 먹고 싶을 때 닭을 푹 끓여 진한 맛이 더해진 '닭개장'은 어떠신가요? 국물과 함께 건더기를 조금씩 건져 먹다가 밥 한 공기를 말아서 먹으면 세상 부러울 게 없어집니다. 잘 익은 섞박지나 깍두기와도 잘 어울려요.

4인분 | 2시간 20분

재료 물 2컵(400mL), 삶은 고사리 1과 1/2줌(300g), 콩나물 2줌(200g), 대파 2대, 소금 약간(또는 국간장)

닭 삶는 재료 손질한 닭 1마리(900g 이상/p.13 참고), 물 15컵(2.5L), 양파 1/2개, 대파 1대, 청주 1스푼, 생강 1/2톨, 통후추 1/2스푼

양념 고춧가루 4스푼, 고추기름 2스푼, 국간장 2와 1/2스푼, 된장 1스푼, 맛술 2스푼, 다진 마늘 2스푼, 후춧가루 1작은술

1 냄비에 닭 삶는 재료를 넣고 센 불로 끓인다.
　물이 팔팔 끓으면 약한 불로 줄여 1시간 동안 푹 삶는다.
　└ 크기가 작은 닭이라면 40분 삶아주세요.

2 삶은 닭을 건져 살과 뼈를 분리하고 살코기는 먹기 좋은
　크기로 썬다.

3 뼈는 버리지 않고 닭 삶은 육수에 넣고 물 2컵을 추가해
　센 불로 끓인다. 팔팔 끓기 시작하면 약한 불로 줄여
　30분을 더 끓인다.

4 콩나물은 깨끗이 씻어 물기를 빼고, 대파는 세로로 길게,
  고사리는 먹기 좋은 길이로 썬다.

5 보울에 살코기, 고사리를 넣고 양념을 넣어 버무린다.

6 육수에 뼈와 삶은 재료를 모두 건지고, 양념에 버무린
  재료를 넣어 센 불로 끓인다. 팔팔 끓기 시작하면
  중약 불로 줄이고, 대파를 넣어 20분간 더 끓인다.

7 부족한 간은 소금 혹은 국간장으로 맞추고 콩나물을 넣어
  3분 더 끓인다.

스키야키

'스키야키'는 일본의 나베 요리로, 다양한 재료를 넣고 자작하게 졸인 냄비 요리입니다. 재료 준비부터 육수 만들기까지 뭐 하나 어려울 게 없어서 밥이 싫은 날이나 특별한 음식이 먹고 싶은 날에 종종 만들어 먹는 메뉴입니다. 무엇보다 먹는 재미가 있어 추천해요.

2인분 | 25분

재료   소고기(불고깃감 또는 샤부샤부용) 150g, 두부 1/2모, 쑥갓 1줌(100g), 배추 3장, 양파 1/2개, 대파 1/2대, 표고버섯 4~5개, 실곤약 1봉지, 달걀 3~4개
소고기 양념 물 1/4컵(50mL), 쯔유 1/4컵(50mL)
육수 양념 물 1컵(200mL), 쯔유 1/4컵(50mL)

만
들
기

1 두부, 표고버섯, 대파, 양파는 먹기 좋은 크기로 썰어
마른 팬에 노릇하게 굽는다.

2 실곤약은 끓는 물에 40~50초 정도 재빨리 데쳐
찬물에 헹구고 물기를 뺀다.

3 소고기는 먹기 좋은 크기로 썰어 팬에 담고,
소고기 양념을 넣어 고기가 익을 때까지 센 불로 끓인다.

4 전골용 냄비에 준비한 재료를 가지런히 담고
육수 양념을 넣어 센 불로 끓인다.
보글보글 끓기 시작하면 중약 불로 줄인다.

5 달걀을 풀어 끓인 재료를 달걀에 찍어 먹는다.

Point

◊ 물과 쯔유는 1:1 비율로 준비해요. 만일 2배 이상 농축의 진한 쯔유를
사용한다면 쯔유의 양을 줄입니다.

오이 미역냉국

더운 요리가 도저히 입에 안 들어가고 시원하고 새콤한 무언가가 당길 때 제가 자주 만들어 먹는 여름 별미인 '오이 미역냉국'을 소개합니다. 여기서 소개하는 양념은 따로 육수를 끓이거나 냉면 육수를 준비할 필요 없이도 맛있게 먹을 수 있는 '오이 미역냉국' 황금 비율 양념이에요.

2인분 | 35분

재료 오이 1개, 마른미역 15g(불릴 시 1줌/90g), 풋고추 1개, 홍고추 1개, 생수 2와 1/2컵(500mL), 얼음 약간
양념 소금 1스푼, 설탕 3스푼, 매실청 2스푼, 사과식초 5스푼, 다진 마늘 1/2스푼

만들기

1 마른미역은 찬물에 30분간 불려 찬물에 여러 번 헹군 뒤,
   물기를 꼭 짜고 먹기 좋은 크기로 썬다.

2 양념을 넣고 설탕과 소금이 녹을 때까지 무친다.

3 오이는 채 썰고 풋고추, 홍고추는 어슷하게 썬다.

4 준비한 재료에 밑간한 미역과 생수를 넣고 기호에 따라
   얼음을 약간 추가한다.

   ㄴ 더 새콤하게 먹고 싶다면 사과식초를 1~2스푼 추가해 주세요.

Point

◇ 빨간 오이 미역냉국이 먹고 싶다면 양념에 고운 고춧가루 1작은술 추
   가합니다.

PART 4

간편하고 맛있는 한 그릇

해물 무쇠솥밥

왜 그런 날 있잖아요. 밥은 먹어야 하는데 반찬은 없고, 이것저 것 만들기는 귀찮은 날이요. 이런 날에는 반찬 없이 먹을 수 있 는 한 그릇 요리가 딱인데, 그중에서도 제가 유독 자주 만들어 먹는 요리가 바로 '밥'이에요. 재료만 바꿔서 밥을 지으면 맛있 게 한 끼 해결할 수 있거든요. 밥힘으로 사는 한국인들에게 밥 한 그릇을 소개할게요.

3인분 | 27분(쌀 불리기 30분)

재료 쌀 2와 1/2컵(쌀 계량컵), 생수 2와 1/2컵(쌀 계량컵), 냉 동 해물 믹스 2줌, 쪽파 4~5대, 참기름 1스푼

1 쌀은 깨끗이 씻어 30분간 불리고, 냉동 해물 믹스는
해동하고, 쪽파는 송송 썬다.

   ㄴ 쌀을 불릴 땐 3~4번 씻은 후 체에 밭쳐 불려요.

2 냄비에 참기름을 넣고 중간 불에서 예열한 뒤
불린 쌀을 넣고 약 1분 30초~2분간 볶는다.

3 생수를 넣고 센 불로 끓인다. 밥물이 바글바글 끓기
   시작하면 약한 불로 줄이고 해물 믹스를 올린 뒤
   뚜껑 덮고 15분간 끓인다.
4 가스 불을 끄고, 송송 썬 쪽파를 올린 뒤
   다시 냄비 뚜껑을 닫고 5분간 뜸 들인다.

Point

◈ 누룽지를 만들고 싶거나 밥의 양을 늘릴 경우 냄비밥 짓는 방법(p.12)
   을 참고해 주세요.

표고버섯 무밥

쌀밥이나 잡곡밥이 지겨울 때 이만한 한 그릇이 없어요. 무는 뿌리채소로 소화 효소, 식이섬유, 비타민 A, 비타민 C가 풍부한 식재료예요. 맛도 좋고 건강에도 좋지만, 무엇보다 속 편한 요리를 찾을 때 안성맞춤이죠. 채소만으로 이루어진 요리이기에 엄격히 식단을 관리하는 분들도 가벼운 마음으로 즐길 수 있어요.

4인분 | **27분**(쌀 불리기 30분)

재료 쌀 3컵(쌀 계량컵), 생수 2와 2/3컵(쌀 계량컵), 무 1/6개 (250g), 표고버섯 5개, 들기름 1과 1/2스푼

만
들
기

1 쌀은 깨끗이 씻어 체에 밭쳐 30분간 불린다.

무는 깨끗이 씻어 0.3cm 두께로 썰어 다시 채 썰고,

표고버섯은 적당한 두께로 썬다.

2 냄비에 들기름을 넣고 중간 불에서 달군 뒤

불린 쌀을 넣고 약 1분~1분 30초 동안 볶는다.

3 생수와 표고버섯, 무를 올리고 센 불에서 끓인다.

4 밥물이 보글보글 끓으면 냄비 뚜껑을 닫고 약한 불에서

15분간 끓이고, 가스 불을 끄고 5분간 뜸 들인다.

Point

◇ 일반 밥을 지을 땐 불리기 전 쌀과 같은 양의 물을 넣으면 되지만, 무
에서 나오는 수분 때문에 밥물을 줄이는 것이 좋아요.

달
래
간
장

1 달래의 알뿌리에 있는 껍질을 벗기고, 흐르는 물에
  여러 번 헹군다.

2 물기를 뺀 뒤 2~3cm 길이로 썬다.

3 양념을 만든다.

4 양념에 달래를 넣고 버무린다.

재료 달래 1단

양념 고춧가루 1스푼, 진간장 8스푼, 물 6스푼, 설탕 1과
1/2스푼, 맛술 1과 1/2스푼, 참기름 1스푼, 들기름 1스푼,
빻은 깨 1스푼, 다진 마늘 1스푼

달걀 새우죽

술술 떠먹기 좋고 소화도 잘되는 음식을 소개합니다. 재료만 바꿔서 다양한 죽을 만들 수 있으니 이 레시피를 알아두면 유용성과 활용성이 아주 높을 거예요. 고소함과 씹는 맛이 좋아서 누구나 좋아할 메뉴라고 자부합니다.

2인분 | 15분

재료   찬밥 1과 1/2공기(300g), 감자(작은 크기) 1개, 당근 1/5개, 새우 7~8마리, 달걀 2개, 물 2컵(400mL), 참기름 1과 1/2스푼, 청주 1스푼, 다진 새우젓 1/2스푼, 깻가루 약간, 소금 약간, 김 가루 약간

1   감자와 당근은 잘게 다지고, 새우는 껍질을 벗겨
     손질한 뒤 청주를 부려 재운다.

2   냄비에 참기름을 두르고 다진 채소를 볶다가 굵게 다진
     새우를 넣는다. 새우가 익을 때까지 약 1분간 볶는다.

3 찬밥을 넣고 재료와 어우러지게 살짝 볶은 뒤,
　물을 넣고 센 불에서 끓인다.

4 물이 보글보글 끓으면 중간 불로 줄여 약 3~4분 동안
　저어가며 끓인다.

5 달걀의 흰자와 노른자를 분리하여 흰자만 넣고,
　다진 새우젓과 소금으로 간을 맞춘다.

고등어 조림 덮밥

고소하면서도 체력을 보충할 수 있는 한 그릇이 바로 '고등어 조림 덮밥'입니다. 영양소가 풍부한 고등어를 간장 양념으로 조려서 밥 위에 올리면, 맛과 멋 두 마리 토끼를 모두 다 잡은 한 그릇 요리가 완성돼요.

2인분 | 30분

재료 순살 고등어 2쪽, 밥 2공기(400g), 달걀 2개, 샐러드 채소 약간, 마늘 4~5쪽, 맛술 2스푼, 후촛가루 약간, 식용유 약간

조림 양념 물 5와 1/2스푼, 진간장 3스푼, 맛술 2스푼, 물엿 2스푼, 설탕 1스푼, 생강 가루 약간

만 들 기

1 순살 고등어에 맛술과 후춧가루를 약간 뿌려
  10분간 재운다. 달걀은 풀어 소금으로 간하고,
  얇게 부친 뒤 채 썬다.
  ㄴ 부친 달걀을 켜켜이 쌓고 돌돌 말아 채 썰면 간편해요.

2 팬에 식용유 약간 두르고 중간 불로 예열한 뒤
  밑간한 고등어를 올려 앞뒤로 노르스름하게 굽는다.
  ㄴ 고등어를 올릴 땐 살코기 부분이 팬에 닿도록 올려요.

3 섞어둔 조림 양념을 붓고, 양념이 끓으면
  마늘을 올린다.

4 팬 한쪽을 비스듬히 들고 양념을 끼얹으며 조린다.

5 그릇에 밥을 한 공기씩 나누어 담고, 샐러드 채소와
  달걀 고명, 조린 고등어와 마늘을 올린다.

스테이크 덮밥

소고기를 구워 밥과 소스를 함께 곁들여 먹는 '스테이크 덮밥'은 평소 고기를 좋아하는 우리 딸들의 입맛을 사로잡은 요리예요. 한국인들의 입맛에 맞게 만든 소스는 달고 짭조름한 맛으로 계속 들어가고, 마늘 튀김이 더해져 향까지 풍부합니다.

4인분 ｜ 25분(고기 재우기 30분)

재료　스테이크용 소고기 450g, 밥 4공기(800g), 식용유 10스푼, 버터 2스푼, 양파 1개, 마늘 7~8쪽
　　　　밑간 양념 올리브 오일 5스푼, 로즈메리 약간, 후춧가루 약간, 허브 솔트 약간
　　　　소스 바비큐 소스 5스푼, 우스터 소스 2스푼, 물 10스푼, 맛술 2스푼, 올리고당 1스푼

1　스테이크용 소고기에 밑간 양념을 뿌려 30분간 재운다.

2　양파는 채 썰고 마늘은 편으로 썬다.

3　냄비에 버터 1스푼을 녹이고 양파를 넣어 중간 불에서
　　2분간 볶는다.

4　소스 재료를 넣고 센 불에서 끓이다가 소스가 끓기
　　시작하면 중간 불로 줄여 30~40초 더 끓인다.

5　팬에 식용유를 두르고 중간 불에서 예열한 뒤
　　편 썬 마늘을 넣고 마늘을 튀긴 뒤 건져낸다.

6　마늘 기름에 밑간한 스테이크 고기를 올리고 4면을
　　노릇하게 구운 뒤 버터를 1스푼 올려 풍미를 추가한다.

7　밥 위에 소스를 올리고 고기를 적당한 두께로 썰어
　　덮는다.

Point
♦ **스테이크 굽는 법**
　① 팬에 올리브 오일을 넣고 센 불로 예열한다.
　② 중간 불로 줄인 뒤 스테이크용 고기를 올려 앞뒤로 2분 30초~3분
　정도 굽는다.

♦ **3cm 이상 두께의 고기**
　① 팬에 올리브 오일을 넣고 센 불로 예열한다.
　② 중약 불 혹은 약한 불로 줄여 앞면 3분, 뒤집어 3분 총 6분 정도 굽
　고, 약한 불에서 원하는 굽기 정도로 시간을 체크해 굽는다.
　　• 미디움 웰던: 중간 불에서 6분, 약한 불에서 3분씩 굽는다.
　　• 미디움: 중간 불에서 6분, 약한 불에서 2분씩 굽는다.

회 덮밥

초고추장을 새콤하게 만들어서 각종 채소와 회 듬뿍 넣어서 비벼 먹으면 파는 것 같은 '회 덮밥'을 만나볼 수 있어요. 원하는 재료를 양껏 넣어서 비비면, 식당에서 충족되지 않았던 풍족함을 느낄 수 있으니 행복감이 커집니다.

2인분 | 5분

재료 참치회(연어회나 광어회 등 원하는 종류), 밥 2공기 (400g), 상추 3장, 양배추 1장, 오이 1/3개, 당근 1/6개, 김 가루 약간, 무순 약간, 참기름 약간

양념장 고추장 2스푼, 고운 고춧가루 1작은술, 생수 2스 푼, 사이다 1스푼, 매실청 1/2스푼, 사과식초 2스푼 설탕 1/2스푼

만
들
기

1 회는 먹기 좋은 크기로 썰고, 준비한 채소류는 모두 채 썰어
준비한다.

2 양념장을 섞는다.

3 밥을 담고, 참기름을 약간 두른다.

4 채 썬 채소를 올리고, 회, 무순, 김 가루를 올린다.

스팸 덮밥

급하게 식사를 준비해야 할 때 통조림은 효자 노릇을 톡톡히 해요. 퇴근 시간이 다가오면 급격히 밀려드는 피로감에 '오늘은 대충 먹고 싶다'는 생각이 자주 드는데, 이럴 때 통조림의 도움을 많이 받고 있어요. 보통 스팸으로 요리를 한다고 하면 스팸마요를 많이 떠올릴 텐데, 이 요리는 스팸을 달짝지근한 양념에 조려 밥 위에 올려 먹는 요리랍니다.

2인분 | 15분

재료 스팸 통조림 1캔(340g), 밥 2공기(400g), 양파 1/4개, 식용유 1스푼
조림 양념 진간장 2스푼, 올리고당 1/2스푼, 설탕 1스푼, 맛술 1스푼, 물 1/2컵(100mL)

1 양파는 채 썰고, 스팸은 얇게 썬다.

2 팬에 식용유를 두르고 중간 불로 예열한 뒤
   스팸을 올려 앞뒤로 굽는다.

3 조림 양념의 재료를 넣고 센 불로 끓이고,
   양념이 끓기 시작하면 중간 불로 줄여 조린다.
   └ 양념이 찐득하게 변하고, 햄의 색이 어둡게 변하면
     햄을 건져요.

4 양념이 남아 있는 팬에 양파를 넣어 양파가
   익을 때까지 중약 불에서 볶는다.

5 밥을 한 공기씩 나누어 담고, 볶은 양파와 조린 햄을
   올린다.

버터 장조림 달걀밥

버터에 장조림, 달걀까지. 이 조합만으로도 군침이 돌지 않나요? 미리 만들어 둔 장조림이 있거나, 통조림용 장조림을 집에 구비해 두는 분들이 있다면 특히 도움이 되실 거예요. 정말 간단해서 요리가 능숙하지 않거나 자취 요리를 찾는 분들에게도 알맞습니다.

1인분 | 10분

재료 장조림 100g, 장조림 간장 6스푼, 밥 1공기(200g), 우유 1/4컵(50mL), 달걀 2~3개, 맛술 1/2스푼, 소금 1꼬집, 버터 1스푼, 식용유 약간

만
들
기

1 보울에 달걀 우유, 맛술, 소금을 넣고 푼다.
2 팬에 버터를 녹이고 밥, 장조림 고기, 장조림 간장을
  넣고 볶는다.

3 팬에 식용유를 두르고 달걀 물을 풀어 넣고
약한 불에서 반숙으로 익힌다.
└ 가운데 부분을 젓가락으로 살살 저어 몽글하게 익히면 됩니다.

4 그릇에 볶은 밥을 담고, 반숙으로 익힌 달걀을 올린다.

삼겹살 깍두기 볶음밥

밥을 평소처럼 지어도 이런저런 사정으로 꼭 남는 밥이 생길 때가 있어요. 처치 곤란한 찬밥이 생기면 삼겹살과 깍두기를 넣고 후루룩 볶아서 먹으면 참 맛있어요. 기름진 삼겹살과 아삭한 깍두기가 어우러져서 금세 입 안에 번지는 행복감을 느낄 수 있습니다.

2인분 | 10분

재료 삼겹살 1줄, 깍두기 1줌, 깍두기 국물 7스푼, 대파 1/5대, 식용유 2스푼, 찬밥 1과 1/2공기(300g), 참기름 1스푼
양념 고춧가루 1/2스푼, 고추장 1/2스푼, 진간장 1/2스푼, 설탕 1/2스푼

1 웍에 식용유를 두르고 잘게 썬 파를 넣어
   중약 불에서 1분 30초 동안 볶아 파기름을 낸다.

2 삼겹살을 넣고 고기가 익을 때까지 중간 불에서
   2~3분 볶는다.

3 잘게 썬 깍두기와 깍두기 국물을 넣고
   양념 재료를 추가해 골고루 섞는다.

4 중간 불에서 30~40초간 바글바글 끓인다.

5 밥을 넣고 재료와 잘 어우러지게 볶고, 가스 불을 끈 뒤
참기름을 넣고 뒤섞어 마무리한다.

Point

◇ 찬밥보다는 미지근한 밥으로 볶는 게 훨씬 편해요. 찬밥이 있다면 전
자레인지에 30초 정도 돌려서 준비하세요.

톳밥

톳은 칼슘과 요오드, 철 등의 무기염류가 많이 들어 있어요. 보릿고개에는 이 톳을 밥에 섞어 먹으며 힘든 시기를 날 정도였어요. 말린 톳을 이용하면 흐르는 물에 한 번 씻어서 찬물에 살짝 불려 이용하면 되니, 생각보다 톳으로 요리하기가 간편하답니다.

4인분 | 30분(쌀 불리기 30분)

재료 말린 톳 1줌(25g, 불린 톳 2줌), 쌀 3과 1/2컵(쌀 계량컵), 말린 표고버섯 1/2줌, 생수 3과 1/2컵(쌀 계량컵), 참기름 1스푼, 당근 1/5개(선택)

양념장 진간장 3스푼, 고춧가루 1/2스푼, 올리고당 1스푼, 맛술 1스푼, 다진 마늘 1/2스푼, 들기름 1/2스푼, 참기름 1/2스푼, 통깨 1스푼

만
들
기

1 말린 톳은 흐르는 물에 씻어 찬물에 담가 30분 동안
  불리고, 쌀은 3~4번 씻어 체에 밭쳐 30분간 불린다.
  말린 표고버섯도 생수에 넣고 30분간 불린다.
  └ 당근을 넣을 분들은 1/5개를 준비해 도톰하게 썰어주세요.

2 냄비를 중약 불에서 달군 뒤 참기름을 두르고
  쌀을 넣어 40~50초간 볶는다.

3 표고버섯 우린 물과 채 썬 당근, 표고버섯을 쌀 위에 올린다.

230

4 불린 톳을 듬성듬성 잘라 올린다.

5 냄비 뚜껑을 닫고 센 불로 끓이다가 밥물이 보글보글
  끓기 시작하면 약한 불로 줄여 15분, 가스 불 끄고
  5분간 뜸 들인다.

6 양념장을 만든다.

Point

♦ 밥을 지을 때 표고버섯 불린 물이나 다시마 우린 물을 사용하면 감칠
  맛이 배가 됩니다.

전복밥

기력이 떨어질 때면 많은 사람이 보양식을 찾아요. 제 경우에는 그럴 때 영양밥을 하는 편이에요. 그런데 만약 영양밥과 대표적인 몸보신 재료인 전복이 만난다면? 아마 기력이 배로 채워지지 않을까요? 따로 양념을 곁들이지 않아도 맛있는 기력 한 끼를 알려드릴게요.

4인분 | 27분
(콩 불리기 12시간, 보리쌀 불리기 1시간, 쌀 불리기 30분)

재료 쌀 3컵(쌀 계량컵), 보리쌀 1/3컵(쌀 계량컵), 생수 3컵
(쌀 계량컵), 전복(작은 크기) 3마리, 새우 3마리, 은행
12알, 불린 강낭콩 1/2줌, 불린 서리태 1/2줌, 표고버섯
2개, 밤 5개

234

만들기

1   보리쌀은 3~4번 씻어 찬물에 담가 1시간 동안 불리고,
    쌀은 3~4번 씻어 체에 밭쳐 30분간 불린다.
    └ 강낭콩과 서리태는 12시간 이상 충분히 불려요.

2   전복과 표고버섯은 알맞은 크기로 썬다.

3 냄비에 불린 쌀과 보리쌀을 섞어 넣고 생수를 넣어
　　센 불에서 끓인다.

4 밥물이 보글보글 끓기 시작하면 약한 불로 줄이고,
　　준비한 재료를 올린다.

5 뚜껑 닫고 15분 끓이고, 가스 불을 끄고 5분 더 뜸을 들인다.

가지밥

가지는 식감 때문에 싫어하는 이들이 있을 정도로 호불호가 갈리는 재료예요. 하지만 가지의 매력을 아는 사람들이라면 집에 가지를 늘 사 놓을 거라고 생각해요. '가지밥'을 안 먹을 것처럼 굴던 우리 아이들도 남은 밥을 더 찾을 정도로 맛이 훌륭하니 말 다 했죠?

2~3인분 ┃ 35분(쌀 불리기 30분)

재료 쌀 2컵(쌀 계량컵), 생수 2컵(쌀 계량컵), 가지 2개, 간 돼지고기 1/2컵(1줌), 소금 1꼬집, 대파 1/2대, 식용유 3스푼, 맛술 1/2스푼, 진간장 1과 1/2스푼, 후춧가루 약간
양념장 진간장 7스푼, 다진 대파 1스푼, 다진 부추 1스푼 다진 홍고추 1스푼, 올리고당 1과 1/2스푼, 맛술 1스푼, 물 4스푼, 참기름 1/2스푼, 통깨 1/2스푼

만
들
기

1 쌀은 3~4번 씻어 체에 밭쳐 30분간 불린다.

2 가지는 큼직하게 썰어 소금을 뿌려 밑간한다.
ㄴ 가지가 익으며 부피가 줄어드니 큼직큼직하게 썰어요.

3 팬에 식용유를 두르고 잘게 썬 파를 넣어 중간 불에서
1분 30초~2분간 볶아 파기름을 낸다.

4 간 돼지고기와 맛술, 후춧가루를 넣고 중간 불에서
2분 더 볶는다.

5 가지를 넣어 1분간 살짝 볶은 뒤, 팬 가장자리에
  진간장을 둘러 가며 뿌리고, 재빨리 볶아 가스 불을 끈다.
  ㄴ 온도가 높은 팬의 가장자리에 간장을 부으면 자글자글
     끓으며 간장의 풍미와 향이 더욱 깊어집니다.

6 냄비에 불린 쌀과 생수를 넣고 볶은 재료를 올린 뒤
  냄비 뚜껑을 덮고 센 불로 끓인다.

7 밥물이 바글바글 끓으면 약한 불로 줄여 15분 끓이고,
  가스 불을 끄고 5분간 뜸을 들인다.

8 밥을 뜸 들이는 동안 곁들일 양념장을 만든다.

비빔밥

신선한 재료들을 듬뿍 넣어 따뜻한 밥과 함께 후루룩 비벼 먹으면 맛과 건강을 모두 잡는 건강한 식사가 됩니다. 냉장고를 털어야 하거나 나물이 애매하게 남아 비우고 싶을 때 '비빔밥'은 어떠신가요? 밥과 채소와 잘 어울리는 저만의 양념장으로 만든 '비빔밥'은 입맛을 돋웁니다.

2인분 | 20분

재료 밥 2공기(400g), 애호박 1/2개, 오이 1/3개, 당근 1/5개, 콩나물 2줌, 물 4컵, 상추 5장, 소금 3꼬집, 참기름 약간, 들기름 2스푼, 달걀 2개

양념장 고추장 2스푼, 올리고당 1과 1/2스푼, 맛술 1스푼, 다진 마늘 1/2스푼, 참기름 1스푼

1 애호박, 오이, 당근은 채 썰고 상추는 듬성듬성 썬다.

2 냄비에 물을 넣고 센 불에서 끓인다.
   물이 팔팔 끓을 때 씻은 콩나물을 넣고 3분 30초 삶은 뒤
   건져서 체에 밭쳐 식힌다.

3 팬에 들기름을 1스푼 두르고 채 썬 애호박, 소금 1꼬집을
   넣고 중간 불에서 숨이 죽을 때까지 볶는다.

4 볶은 애호박을 건지고, 들기름 1스푼을 두른 뒤 채 썬 당근,
   소금 1꼬집 넣고 중간 불에서 약 1분 30초간 볶는다.

5 식힌 콩나물에 참기름 약간, 소금 1꼬집을 넣고 무친다.

6 양념장을 만든다.
  ㄴ 살짝 묽게 만들어야 비벼 먹기 좋아요.

7 대접에 밥을 한 공기씩 나누어 담고 준비한 채소를
  둘러가며 담은 뒤 양념장을 올린다.

Point

◇ 비빔밥에 들어가는 채소의 간은 세게 할 필요가 없어요. 고추장 양념
  장을 넣고 비비기 때문에 심심한 정도로 살짝만 간을 하면 됩니다.

닭 안심 카레

근사하게 한 상을 차려주기로 해도, 우리 딸들은 근사한 한 상보다 카레 한 그릇을 찾을 때가 있어요. 제가 소개해 드릴 카레는 '닭 안심 카레'로, 보편적인 카레와는 조금 달라요. 양파가 듬뿍 들어간 게 포인트고, 닭고기의 담백함과 콘 옥수수의 톡톡 튀는 달콤함이 어우러져 매력적입니다.

4인분 | 25분(닭 안심 재우기 15분)

재료 닭 안심 13조각(350g), 양파 1개, 버터 1과 1/2스푼, 물기 뺀 콘 옥수수 7스푼(130g), 고형 카레 4조각(또는 가루 카레 1봉지), 완두콩 1줌(25g), 물 3컵(600mL)
밑간 양념 맛술 2스푼, 소금 1작은술, 후춧가루 약간

만
들
기

1 닭 안심에 밑간 양념을 넣고 버무린 뒤
10분~15분간 재운다.

└ 냉동된 제품을 구매했다면 미리 해동한 후 키친 타월로
물기를 제거한 뒤 밑간해요.

2 양파는 채 썰고 밑간한 안심은 큼직큼직하게 썬다.

3 팬에 버터를 두르고 채 썬 양파를 넣어 중간 불에서
3분 30초간 볶는다.

4 닭 안심을 넣고 중간 불에서 2분 30초, 물기 뺀
콘 옥수수를 넣고 1분 더 볶는다.

5 물과 완두콩을 넣고 센 불로 끓이고, 물이 끓기 시작하면
중간 불로 줄여 4~5분 더 끓인다.

6 카레를 넣고 덩어리지지 않게 골고루 젓는다.

Point

◊ 사용하는 카레의 포장 뒷면을 보면 1봉지당 물의 양이 적혀 있어요.
대개 4인 기준 제품들은 600mL를 넣습니다. 하지만 사용하는 제품
에 따라 다를 수 있으니 확인해 주세요.

간장 비빔 국수

문득 밥이 지겹게 느껴지고 면이 끌릴 때가 있습니다. 국수는 어떻게 먹어도 참 맛있고 그만큼 다양한 요리법이 존재해요. '간장 비빔 국수'는 말 그대로 간장이 베이스라 간단히 만들 수 있고 맵지도 않아서 아이들뿐만 아니라, 매운 것을 잘 못 드시는 어르신들도 좋아해요. 고소한 맛이 일품이고 금별맘표 특제 양념이 들어가 믿고 먹을 수 있답니다.

2인분 | 25분

재료　소면 200g~220g, 당근 1/3개, 애호박 1/3개, 소금 1작은술, 들기름 1스푼

소면 삶을 때 물 7과 1/2컵(1.5L), 소금 1스푼

양념장 진간장 4스푼, 매실청 1스푼, 설탕 1스푼, 다진 마늘 1/2스푼, 들기름 2스푼, 참기름 1/2스푼, 통깨 1스푼

<table>
</table>

만 들 기

1 애호박, 당근은 채 썰어 소금 1작은술을 넣고 10분간 절인다.

└ 소금에 절이면 수분이 빠지고 간이 잘 배요.

2 통깨를 제외한 양념장을 골고루 섞는다.

3 예열한 팬에 들기름을 두르고 절인 채소를 넣어
중간 불에서 2분~2분 30초간 볶는다.

4 물이 팔팔 끓으면 소금 1스푼을 넣고 소면을 넣어
센 불에서 3분 30초~4분간 삶고, 찬물에 여러 번
비벼가며 깨끗이 헹궈 물기를 뺀다.

└ 삶는 동안 면이 뭉쳐지지 않게 골고루 섞어가며 삶아요.

5 삶은 소면에 볶은 채소를 넣고, 통깨를 으깨어 넣는다.

6 양념장을 골고루 섞어 2/3 넣고 버무린 뒤 간을 보며
양념장을 추가한다.

Point

◊ 소면을 삶을 때 물이 넘치려고 한다면 찬물을 조금씩 부어주세요. 그
렇게 끓이면 물이 넘치지 않습니다.

들기름 막국수

언제 먹어도 맛있는 '들기름 막국수'지만, 여름에 먹으면 더 행복감이 커집니다. 많이들 알고 있는 요리법은 간장과 들기름을 섞어 양념을 만들고 메밀국수에 비벼 먹는 식이에요. 하지만 저는 시원한 맛을 살리기 위해 국물이 있도록 만들어 더 시원하고 맛있게 먹을 수 있게 만든답니다.

2인분 | 15분

재료 메밀국수(200~220g), 들기름 6스푼, 대파 1/5대, 마른 김 1장, 빻은 깨 2스푼
메밀국수 삶을 때 물 7과 1/2컵(1.5L)
양념장 간 무 3스푼, 쯔유(2배 농축) 6스푼, 진간장 3스푼, 설탕 1스푼, 물 15스푼

1   무는 강판에 갈고, 대파는 잘게 다진다.

2   양념장을 골고루 섞는다.

   ㄴ 3배 농축 쯔유를 사용한다면 쯔유의 양을 줄여주세요.

3   마른 김은 살짝 구워 비닐봉지에 넣고 부순다.

4   냄비에 물을 넣고 센 불에서 끓인다.

   물이 팔팔 끓기 시작하면 메밀국수를 넣고

   4분~4분 30초간 끓인다.

5 삶은 메밀국수는 찬물에 여러 번 헹궈 물기를 뺀다.

6 면에 양념을 넣고 버무리고, 그릇에 1인분씩
   나누어 담는다.

7 각각 들기름 3스푼씩 두르고, 다진 파, 빻은 깨,
   김 가루를 올린다

국물 비빔 국수

'국물 비빔 국수'는 칼칼하고 감칠맛이 뛰어나 사랑을 받는 비빔 국수입니다. 진한 양념과 차가운 육수가 더해져 만족스럽게 입 안이 풍성해지는 것 같죠. '국물 비빔 국수'는 일반 비빔 국수와 달리 국물이 포인트니, 그 맛을 느껴보기를 바라요.

2인분 | 15분(양념장 숙성 1일)

재료   국수 중면(200~220g), 상추 3~4장, 오이 1/3개, 시판 냉면 육수 3/4컵(150mL), 통깨 1스푼
        국수 삶을 때 물 7과 1/2컵(1.5L), 소금 1스푼
        양념장 고운 고춧가루 1스푼, 고추장 2스푼, 진간장 2스푼, 매실청 2스푼, 올리고당 2스푼, 설탕 1스푼, 사이다 4스푼, 간 키위 1/2개(또는 오렌지 주스/배 음료 50mL), 다진 마늘 1/2스푼

1 양념장은 미리 섞어 밀폐 용기 혹은 랩을 씌운 뒤
   냉장고에서 1일 숙성한다.

2 오이는 반달로 썰고, 상추는 듬성듬성 썬다.

3 냄비에 물을 끓이고 소금을 넣은 뒤 중면을 넣어
   4분 30초~5분간 삶고, 찬물에 여러 번 비벼서
   헹군 뒤 물기를 뺀다.

4 면에 양념장을 5스푼 넣고 버무린다.

5 시판 냉면 육수를 넣고 골고루 섞는다.

6 상추, 오이, 통깨를 넣고 한 번 더 버무린다.

Point

◇ 시판 냉면 육수는 마트나 슈퍼마켓에 가면 손쉽게 구할 수 있어요.
1봉지는 150mL보다 조금 더 많은 양으로 남은 건 냉동실에 얼려 두
었다가 다음 요리에 또 활용하세요.

수제비

'수제비'는 겨울은 물론이고 비가 주룩주룩 내리는 어느 때고 생각나는 음식입니다. 쫀뜩쫀득 찰진 반죽이 더해진 '수제비'는 진하게 우린 육수와 만나며 더 개운한 맛을 냅니다. 감자, 호박만 간단히 넣어도 더할 나위 없는 맛을 내니 만족스러운 한 그릇입니다.

4인분 | 25분(반죽 숙성 반나절)

재료   멸치 육수 5컵(1L), 감자 1개, 애호박 1/3개, 소금 약간, 후춧가루 약간,
      수제비 반죽 밀가루 210g, 날콩가루 40g, 물 3/4컵 (150mL), 식용유 1/2스푼, 소금 1/2스푼

1 수제비 반죽 재료에 물을 2~3번 나누어 넣으며 반죽한다.

2 여러 번 치댄 뒤 비닐봉지에 넣고 냉장고에 넣어
반나절 숙성한다.

   └ 반나절 정도 숙성하면 찰지고 쫀득한 수제비를 만들 수 있어요.
많이 치대 숙성하는 것이 중요해요.

3 애호박과 감자는 먹기 좋게 썬다.

4 멸치 육수에 채소를 넣고 센 불에서 끓인다.

5   육수가 팔팔 끓으면 반죽을 얇게 떠서 넣고,

       수제비가 익을 때까지 끓인다.

6   가스 불을 끄기 전 소금과 후춧가루로 간을 맞춘다.

Point

◊ 밀가루와 날콩가루를 넣어 반죽을 만들 땐 비율이 중요합니다. 날콩
   가루 양이 많으면 반죽이 뚝뚝 끊기고 풋내가 날 수 있습니다. 날콩가
   루가 없다면 밀가루만 250g을 준비해 주세요.

◆

PART 5

가족이
함께 즐기는
간식

전
4
종

비 오는 날이면 빗소리를 동무 삼아 전이 먹고 싶어질 때가 있습니다. 기름 냄새가 집 안 곳곳에 번져가면 배가 고프지 않던 사람이라도 젓가락을 들고 전 근처를 이슬렁거리게 되죠. 어떤 재료로 어떻게 굽느냐에 따라 각자 다른 매력이 생기는 전 4종을 소개합니다.

감자전

감자는 누구에게나 친근한 식재료인 만큼 평소 전을 즐기지 않던 사람들도 맛있게 먹는 종류의 전이에요. 감자를 채 썰어 만들기도 하지만, 제가 보여드릴 '감자전'은 감자를 잘 갈아 본연의 맛을 톡톡히 살렸어요.

2인분 | 30분

재료 감자(중간 크기) 3개, 애호박 1/3개(기호에 따라), 소금 1/2스푼, 식용유 넉넉히

<table>
<tr><td rowspan="6">만
들
기</td><td>1</td><td>감자는 껍질을 벗기고 강판 혹은 믹서기에 곱게 간다.</td></tr>
</table>

만
들
기

1 감자는 껍질을 벗기고 강판 혹은 믹서기에 곱게 간다.

ㄴ 믹서기를 사용할 때는 물을 약간 넣고 함께 갈아요.

2 간 감자는 면포에 넣고 물기를 살살 짠다.

ㄴ 촉촉함을 유지하고자 살살 짜요.

3 시간이 지나면 전분과 물이 분리되는데, 물은 따라 버리고,
바닥에 가라앉은 전분을 긁어 간 감자에 넣고 골고루 섞는다.

4 소금과 채 썬 애호박을 넣고 골고루 섞는다.

5 팬에 식용유를 넉넉히 두르고 반죽을 평평하게 올려
중간 불에서 부친다.

ㄴ 국자의 둥근 부분을 이용해 살살 눌러가며 얇게 펴요.

6 바닥 면이 노르스름해지면 뒤집어 남은 면을 부친다.

배추전

'배추전'은 다양한 전 중에서도 사용되는 재료가 적고 만들기 간편하다는 장점이 있어요. 고소하고 맛있어서 먹다 보면 어느덧 우리 앞에는 빈 그릇만 놓여 있답니다.

2인분 | 20분

재료 배춧잎 2장, 부침가루 1/4컵, 물 1/4컵(50mL), 소금 1꼬집, 식용유 적당히

1 배춧잎은 깨끗이 씻어 물기를 탈탈 털고, 두꺼운 부분은
저미듯 썰고 잎사귀 부분은 먹기 좋게 썬다.

2 부침가루와 물, 소금을 넣고 덩어리지지 않게
골고루 섞는다.
ㄴ 부침가루 대신 밀가루를 사용한다면 소금을 더 추가해 주세요.

3 반죽에 썬 배춧잎을 넣고 골고루 섞는다.

4 팬에 식용유를 넉넉히 두르고 중간 불에서 예열한 뒤,
반죽의 반을 올려 골고루 편다.

5 중간 불에서 한 면을 익히고, 뒤집은 뒤 중약 불에서
노르스름해질 때까지 부친다.

애호박 부침개

전을 만들려고 하면 따로 반죽을 만들고 재료를 준비해야 해서 손이 꽤 가는 편이에요. 하지만 '애호박 부침개'는 반죽을 만들 필요가 없고, 물도 들어가지 않아서 간편하게 즐길 수 있답니다.

2인분 ∣ 20분

재료　애호박 1개, 새우(또는 건새우) 1줌, 전분가루 5스푼, 소금 1작은술, 청양고추 2개, 홍고추 1개, 식용유 적당히

1 애호박은 0.3cm 두께로 썬 뒤, 일정한 간격으로 채 썬다.

2 채 썬 애호박에 소금을 넣고 버무린다.

3 청양고추, 홍고추는 어슷하게 썰고 새우는 굵게 다진다.

4 절인 애호박에 다진 새우와 전분가루를 넣고 골고루
  섞는다.
  ㄴ 전분가루는 고구마 전분, 감자 전분 상관없이 사용하면 됩니다.

5 팬에 식용유를 넉넉히 부어 예열하고 섞은 반죽을
  평평하게 올린다.

6 바닥 면이 노르스름해지면 청양고추, 홍고추를 올리고
  다시 한번 뒤집개로 꾹꾹 누른 뒤 뒤집어 남은 면을
  노릇하게 부친다.

Point

♦ 따로 물이 들어가지 않아 모양 잡기가 힘들 수 있어요. 뒤집개를 이용
  해 꾹꾹 눌러주면 뭉쳐지는 곳 없이 예쁜 모양으로 부칠 수 있어요.

해물파전

'해물파전'이야말로 가장 클래식한 전이 아닐까 싶어요. 비 내리는 날 타닥타닥 전 부치는 소리와 고소한 기름 냄새가 어우러지면 오늘 하루도 무사히 잘 마쳤다는 안도감이 들어요.

2인분 | 30분

재료 쪽파 2줌, 오징어 1마리, 새우(작은 크기) 1컵, 홍고추 2개, 청양고추 2개, 식용유 넉넉히
반죽 부침가루 1과 1/2컵(300mL), 생수 1과 1/2컵(300mL)
해산물 데침 재료 물 2컵(400mL), 소금 1/2스푼, 맛술 1스푼

만 들 기

1 청양고추, 홍고추는 어슷 썰고, 오징어는 가늘게 썬다.

2 해산물 데침 재료를 넣고 물이 끓으면 오징어, 새우를 넣어
   30초간 데친 뒤 건진다.

3 팬에 식용유를 붓고 센 불에서 예열한 뒤 쪽파를
   팬 가득 올린다.
   ㄴ 쪽파의 물기는 최대한 없애주세요.

4 쪽파의 숨이 살짝 죽으면 쪽파 사이사이 반죽을
   뿌리고 중간 불로 낮춘 뒤 데친 해산물을 올린다.
   해산물 위에 다시 반죽을 살짝 뿌린다.

5 반죽 끝이 노르스름해지면, 뒤집어 중간 불로 익힌다.

6 다시 뒤집어 약한 불로 줄이고 청양고추, 홍고추를 올린다.

갈릭 버터 새우

'갈릭 버터 새우'는 그대로 먹어도 맛있고 밥과 함께 활용하기도 좋은 요리입니다. 시원한 음료나 맥주와 함께 즐겨도 맛있고, 냉동 새우로도 하와이에서 먹는 것과 같은 맛을 느낄 수 있어요. 별미처럼 즐기기 좋으면서 만들기 어렵지 않습니다.

2인분 | 30분

재료   새우 15마리, 버터 7스푼, 마늘 1/3줌, 양파 1/2개, 올리브 오일 1스푼, 맛술 2스푼, 물 2스푼, 소금 1작은술, 후춧가루 약간

1 양파와 마늘을 다진다.

2 팬을 달구고 버터 5스푼을 녹인 뒤 다진 양파와
   마늘을 넣고 볶는다.
   ㄴ 마늘이 노르스름하고 바삭해질 때까지 볶아주세요.

3 또 다른 팬에 올리브 오일과 버터 2스푼을 녹이고,
   손질한 새우를 넣어 앞뒤로 굽는다.

4 맛술, 물을 넣고 중간 불로 끓인다.

5 물이 자박해지면 미리 볶아둔 양파, 마늘과 소금,
후춧가루를 넣고 잘 어우러지게 볶는다.

Point

◇ **새우 손질법**

껍질을 까고, 머리와 내장을 제거합니다. 꼬리 부분과 머리를 남겨 놓
고 껍질을 까면 예쁜 모양의 갈릭 버터 새우를 만들 수 있어요.

◇ 새우는 생물, 냉동 모두 사용해도 좋아요. 손질된 칵테일새우를 사용
할 거라면 크기가 큰 것으로 준비합니다.

◇ 갈릭 버터 새우는 그냥 먹어도 좋지만, 하와이 새우 트럭에서 판매하
는 것처럼 밥과 채소를 함께 곁들여 먹으면 더욱 맛있어요.

진미채 버터 구이

밥을 든든하게 먹어도 묘하게 입이 아쉽거나 애매한 허기가 질 때가 있습니다. 그럴 때는 반찬을 만들고 남은 진미채를 이용해 간식을 만들어 보면 어떨까요? 간단한 재료로 만들 수 있어 좋고, 오징어를 잘근잘근 씹으면 심심한 입을 달래기 좋습니다.

2인분 | 10분

재료 진미채 2줌(150g), 물 4스푼, 땅콩 1줌(선택)
양념 버터 4스푼, 설탕 1스푼

1 진미채는 가위로 듬성듬성 자르고 물을 넣어 버무린다.

　　ㄴ 물에 푹 담그면 조미된 양념이 모두 빠져나가 맛이 없습니다.

2 약한 불로 켜고, 팬에 버터를 넣은 뒤 버터가 녹기
　　시작할 때 설탕을 넣고 녹인다.

3 설탕이 녹으면 진미채를 넣고 약한 불에서 재빨리 볶는다.

ㄴ 오래 볶으면 오징어채가 딱딱해지니 노릇해질 때까지만 볶아요.

4 진미채를 건져내고 남은 버터에 땅콩을 넣어 볶는다.

떡볶이 2종

떡볶이는 한국인들이 사랑하는 음식으로 손꼽힙니다. 어떤 양념을 어떻게 사용하느냐에 따라 같은 떡볶이라도 전혀 다른 맛을 내요. 쫄깃한 떡의 식감을 살려 맛있게 매운 '라볶이'외 매운 음식을 잘 먹지 못하는 아이들과 어른들도 먹을 수 있는 고소한 '달걀 떡볶이'를 만나보세요.

라볶이

떡볶이는 주기적으로 찾게 될 만큼 애정하는 음식이에요. 쫄깃한 떡에 더해진 맵고 달콤한 양념은 어떻게 맛있어도 맛있어요. 특히 초·중생인 우리 집 아이들이 가장 좋아하는 음식으로 바로 엄마표 '라볶이'가 손꼽히니 맛은 증명된 것과 다름없답니다.

1인분 | 20분

재료 물 2와 1/2컵(500mL), 밀떡 15개, 어묵 4장, 대파 1/3개, 당근 1/6개, 양배추 3장, 라면사리 1개
양념 고추장 2스푼, 고운 고춧가루 3과 1/2스푼, 진간장 3스푼, 물엿 2스푼, 설탕 1스푼, 다진 마늘 1/2스푼, 짜장라면 분말수프 2/3봉지

만
들
기

1 양념을 골고루 섞는다.

2 대파, 당근, 양배추, 어묵은 먹기 좋은 크기로 썬다.

3 냄비에 물을 넣고 떡과 미리 섞은 양념을 2스푼
  (또는 크게 1스푼) 넣는다.

4 물이 끓기 시작하면 약한 불로 줄이고, 당근, 어묵을
  넣은 뒤 약 8분간 저어가며 뭉근히 끓인다.

5 라면, 양배추, 대파를 넣고 센 불로 올려
  약 3분~3분 30초간 면이 익을 때까지 끓인다.

Point

◊ 물이 너무 졸아들었다면 물을 1컵(200mL) 정도 준비해 조금씩 보충
  하며 끓여요.

◊ 부족한 간은 양념을 1작은술씩 추가하며 맞추면 좋습니다.

달걀 떡볶이

'달걀 떡볶이'가 생소한 분들이 있을 거예요. 이 요리는 간이 세지 않고 맵지도 않기 때문에 아이들 간식으로 특히 적합해요. 집에 재료가 별로 없거나 자극 없이 고소한 떡볶이가 먹고 싶을 때도 자주 만들어 먹습니다.

2인분 | **10분**(떡 불리기 10분)

재료 떡볶이 떡 200g, 양파 1개, 달걀 3개, 버터 1과 1/2스푼, 올리브 오일 1스푼, 소금 약간, 후춧가루 약간

만
들
기

1 떡은 따뜻한 물에 10분간 담가 불린 후 물기를 뺀다.

2 달걀에 소금을 넣고 푼다.

3 팬에 버터를 두르고 채 썬 양파를 넣어 중약 불에서
3분간 볶는다.

4 떡과 올리브 오일을 넣고 중약 불에서 1분~1분 30초간
더 볶는다.

5 떡이 말랑해지면 풀어둔 달걀과 소금과 후춧가루를 넣고
약한 불로 줄인 뒤 뚜껑을 덮고 40~50초간 기다린다.

6 스크램블드에그를 만들 듯 뒤섞는다.

아코디언 감자

감자가 맛있는 계절에는 감자를 가득 사서 이런저런 요리를 만들어 먹곤 해요. 감자는 어떻게 조리해도 재료지만, 간단한 간식으로 더할 나위 없죠. 특히 '아코디언 감자'는 오븐에 넣어 구우면 금방 완성된다는 점이 가장 큰 장점이에요.

2인분 | 50분 | 오븐/에어프라이어

재료 감자 4개, 버터 6스푼, 소금 약간, 파마산 치즈 가루 약간, 나무젓가락

만
들
기

1 감자는 깨끗이 씻어 나무젓가락 위에 올리고,
   바닥 부분을 1cm 정도 남긴 채 얇게 칼집을 낸다.

2 버터를 중탕으로 녹인다.
   └ 전자레인지 사용 시 약 20초 돌려 녹여주세요.

3 칼집 사이사이 녹인 버터를 바른다.

4 200℃로 예열된 오븐에서 40분간 굽고,
   파마산 치즈 가루를 솔솔 뿌린다.

Point

♦ 달콤한 아코디언 감자를 만들고 싶을 때는 버터에 설탕 1스푼을 넣고
   함께 녹여요.

♦ 가염 버터일 경우 소금을 넣지 않아도 되지만, 무염 버터를 사용할 경
   우 소금을 약간 추가해 주세요.

♦ 사용하는 도구에 따라 차이가 있을 수 있으니, 감자를 구울 땐 30분
   정도 구워서 살펴보고 추가로 10분을 더 구워주세요.

맛탕 2종

다양한 간식들이 존재하지만 그중 딱 하나를 꼽으라면 역시 맛탕인 것 같아요. 그냥 먹어도 맛있는 구황작물을 활용하면 포만감까지 함께 느낄 수 있어요. 특히 아이들이 정말 좋아해서 만들어 놓고 돌아서면 다 사라져 있어 뿌듯하기까지 합니다.

고구마 맛탕

요즘에는 어디서 '고구마 맛탕' 보기가 힘들어진 것 같아요. 고구마를 튀겨서 달달하게 버무리면, 따끈할 때 먹어도 맛있고 식어도 맛있는 맛탕이 완성돼요.

2~3인분 | 45분

재료 고구마(중간 크기) 4개, 식용유 넉넉히
양념 설탕 5스푼, 물엿 5스푼, 물 5와 1/2스푼

<table>
<tr><td>만
들
기</td><td>

1 고구마는 껍질을 벗기고 한입 크기로 썬다.

2 찬물에 15분간 담가 전분기를 뺀다.

3 체에 밭쳐 물기를 빼고, 키친 타월로 다시 한번 물기를
꼼꼼하게 제거한다.

4 냄비에 식용유를 붓고 중간 불에서 예열한다.
기름이 달구어지면 고구마를 6~8개씩 나누어 가며 튀긴다.
└ 한 번에 많은 양을 넣으면 기름 온도가 떨어져요.

5 한 번 튀긴 고구마는 기름을 빼며 식히고, 한 번 더 튀긴다.
└ 두 번째 튀길 땐 고구마의 겉이 금방 타므로 재빨리 건져냅니다.

6 팬에 설탕, 물엿, 물을 넣어 젓지 않고 중간 불에서 끓인다.

7 설탕이 다 녹고 시럽이 보글보글 끓으면 튀긴 고구마를
넣고 재빨리 버무린 뒤 가스 불을 끈다.

</td></tr>
</table>

Point

◆ 설탕과 물엿, 물을 함께 끓일 때는 젓지 않고 끓어오를 때까지 기다려 주는 것이 중요해요. 젓지 않으며 시
럽을 끓이면 시간이 지나도 딱딱해지지 않고 고구마 맛탕이 달라붙지 않습니다.

밤 맛탕

'고구마 맛탕'은 들어봤어도 '밤 맛탕'은 처음 들어봐 생소한 분들이 많으실 거예요. 하지만 개인적으로 밤의 맛을 극대화한 이 간식이야말로 꼭 나누고 싶었어요.

2~3인분 ㅣ 20분

재료 밤 20톨, 물 2스푼, 식용유 적당히
양념 식용유 3스푼, 올리고당 2스푼, 설탕 3스푼

1 밤을 준비해 껍질을 깐 뒤 전자레인지 사용이 가능한
그릇에 담는다.

2 물을 뿌리고 랩을 씌워 전자레인지에서 3~4분간 돌려
익힌다.
└ 크기에 따라 밤 익힘의 정도가 다를 수 있으나 괜찮습니다.

3 넓은 팬에 식용유를 자박하게 붓고 밤을 굴려 가며
겉을 튀긴다.

4 또 다른 팬을 꺼내 식용유, 올리고당, 설탕을 넣고
가스 불을 중약 불로 켠다. 설탕이 녹을 때까지
젓지 않고 기다린다.

5 시럽이 끓으면 튀긴 밤을 넣고 재빨리 버무린 뒤
가스 불을 끈다.

허니 버터 고구마

간식을 만들기 번거롭다면 만드는 사람으로서는 간식처럼 느껴지지 않습니다. 그렇기에 간단한 간식들이 뭐가 있을까 하는 고민을 많이 했어요. 그중 하나가 바로 '허니 버터 고구마'예요. 고소한 버터와 달콤한 꿀에 치즈까지 더해지니 고구마의 매력이 한 층 깊어집니다.

2인분 | 40분 | 에어프라이어

재료 고구마 2개, 버터 20g, 꿀 약간, 모차렐라 치즈 1줌(70g)

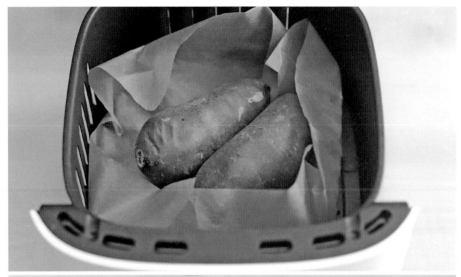

1   고구마는 깨끗이 씻어 에어프라이어에 넣고 200℃에서
    30분간 굽는다.
    ㄴ 크기가 큰 고구마는 200℃에서 40분 정도 구워요.

2   구운 고구마를 꺼내 끝을 남기고 반으로 썬다.

3 버터를 올리고 꿀을 뿌린 뒤, 모차렐라 치즈를
듬뿍 올린다.

4 에어프라이어 180℃에서 4~5분간 구워준다.

오지 치즈 프라이

요즘엔 냉동 식품이 참 다양하게 나와요. 패스트 푸드 전문점을 찾아 감자튀김을 사 먹곤 했는데, 이제는 집에서 간편하게 먹을 수 있습니다. 냉동 감자튀김을 이용해 패밀리 레스토랑에서 파는 맛을 낼 수 있다면 그것 또한 마음이 뿌듯해지는 일이겠죠?

2인분 | 20분

재료 냉동 감자튀김 3줌, 체더 치즈 2장, 다진 베이컨 1줌, 식용유 넉넉히

만
들
기

1 중간 불에서 식용유를 예열하고, 냉동 감자튀김을
  노르스름하게 튀긴다.
  └ 에어프라이어 조리 시 180℃에서 13분가량 조리해 주세요.

2 잘게 다진 베이컨을 바삭하게 볶는다.

3 기름기 뺀 감자튀김을 접시에 담고, 체더 치즈를 올려
전자레인지에 1분간 돌리고 볶은 베이컨을 뿌린다.

만두 탕수

요즘엔 냉동 만두가 정말 다양하고 맛있게 나옵니다. 그래서인지 대부분 만두 한 봉지씩은 구비하고 있는 경우가 많더라고요. '만두 탕수'는 냉동 만두로 만드는 레시피 중 우리 가족이 가장 좋아하는 메뉴이며, 만두와 새콤달콤한 소스가 아주 잘 어울립니다.

2인분 ┃ 25분

재료 냉동 만두 10개, 양파 1/4개, 오이 1/2개, 당근 1/4개, 적채 1/2장, 배추 1장, 완두콩 1줌, 목이버섯 1/2줌, 식용유 넉넉히

소스 물 1/2컵(100mL), 사과식초 2와 1/2스푼, 설탕 1/4컵(50mL), 소금 1작은술

전분물 물 3스푼, 감자 전분 1과 1/2스푼

1 팬에 식용유를 넉넉히 두르고 냉동 만두를
노르스름하게 튀긴 뒤 키친 타월에 올려 기름기를 뺀다.

2 양파, 당근은 적당한 크기와 두께로 썰고,
오이는 연필을 깎듯 세워서 썬다. 적채와 배추는
칼을 눕혀 저미듯 썰고, 불린 목이버섯은
2~3등분으로 썬다.

3 팬에 식용유를 1스푼 두르고, 만두를 제외한
모든 재료를 넣고 센 불에서 약 1분 30초간 볶는다.

4 탕수육 소스를 넣어 섞고, 소스가 끓기 시작하면
전분물을 넣어 골고루 섞는다.
ㄴ 채소의 아삭한 맛이 없어지므로 너무 오래 끓이지 않습니다.

5 튀긴 만두를 넣고 버무린 뒤 가스 불을 끈다.

닭똥집 튀김

특별한 일이 없다면 주말에는 맥주 한잔으로 주중의 피로를 씻어 날리곤 합니다. 이때 종종 만드는 '닭똥집 튀김'은 아이들도 바삭하고 쫄깃한 식감을 좋아해 간식으로 좋고, 술 한잔에 곁들이기도 좋은 안주예요. 이보다 좋은 주전부리가 있을까요?

2~3인분 | 30분

재료 닭똥집 350g, 맛소금 3/4작은술, 후춧가루 1작은술, 튀김가루 1/3컵, 식용유 넉넉히
튀김 반죽 튀김가루 1과 1/2컵(300mL), 생수 1과 1/2컵(300mL)

만
들
기

1 닭똥집은 흐르는 물에 씻어 물기를 빼고,
세로 방향으로 2~3등분한다.
ㄴ 세로 방향으로 썰면 식감을 살릴 수 있습니다.

2 닭똥집에 맛소금, 후춧가루를 넣고 버무린 뒤
10분간 재운다.

3 튀김 반죽 재료를 골고루 섞어 튀김 반죽을 만든다.

4 밑간한 닭똥집에 튀김가루를 넣고 골고루 버무린다.

5 냄비에 식용유를 넉넉히 넣어 달구고 튀김 반죽 입힌
   닭똥집을 나누어 넣고 튀긴다.
6 겉이 노르스름해지면 건진 뒤 다시 한번 튀긴다.

Point
◆ 튀김 반죽의 비율은 튀김가루:물=1:1 비율이에요. 튀김 재료를 늘린다
  면, 반죽 비율을 1:1로 늘리면 됩니다.
◆ 기름 온도가 적당한지 확인하려면 만들어 놓은 튀김 반죽을 한두 방
  울 떨어트려 보면 됩니다. 반죽을 떨어트렸을 때 지글거리며 바로 올
  라오면 튀기기 좋은 온도예요.

재료별 인덱스

◇ 돼지고기
가지밥 237
굴 보쌈 77
김치 불고기 부리토 27
대패 삼겹살 파채 볶음 105
돼지 등갈비 구이 73
돼지고기 김치찌개 146
목살 스테이크 81
삼겹살 깍두기 볶음밥 225
스팸 덮밥(통조림) 217
제육 볶음 89
짜글이 175

◇ 닭고기
닭 안심 카레 245
닭개장 179
닭똥집 튀김 313
닭볶음탕 97

◇ 소고기
버터 장조림 달걀밥 221
소고기 뭇국 171
소고기 장조림 118
소꼬리찜 101
스키야키 183
스테이크 덮밥 209
함박스테이크 109

◇ 생선류
고갈비 구이 85
고등어 조림 덮밥 205
동태탕 163

연어 샐러드 35
참치 김치찌개(통조림) 148
회 덮밥 213

◇ 감자
감자 샐러드 55
감자전 268
달걀 새우죽 201
닭볶음탕 97
뢰스티 31
매운 감자조림 122
수제비 261
아코디언 감자 291
오지 치즈 프라이 305
우렁 된장찌개 132
함박스테이크 109

◇ 고구마 & 밤
고구마 맛탕 296
밤 맛탕 298
허니 버터 고구마 301

◇ 냉이 & 쑥갓
냉이 된장찌개 130
스키야키 183

◇ 두부
냉이 된장찌개 130
돼지고기 김치찌개 146
미소 된장국 142
스키야키 183

우렁 된장찌개 132

♦ 무
굴 보쌈 77
동태탕 163
소고기 뭇국 171
소꼬리찜 101
오징엇국 151
짜글이 175
표고버섯 무밥 197

♦ 미역 & 톳
오이 미역냉국 187
톳밥 229

♦ 버섯류
냉이 된장찌개 130
만두 탕수 309
미소 된장국 142
소꼬리찜 101
스키야키 183
전복밥 233
톳밥 229
표고버섯 무밥 197
함박스테이크 109

♦ 베이컨
뢰스티 31
시금치 프리타타 23
오지 치즈 프라이 305
크로크무슈 59

♦ 새우
갈릭 버터 새우 277
달걀 새우죽 201
애호박 부침개 272
전복밥 233
해물파전 274

♦ 시금치 & 시래기
시금치 된장국 136
시금치 프리타타 23
시래기 된장국 138

♦ 아보카도
과카몰레 63
클라우드 에그 47

♦ 양배추 & 배추
과일 사라다 51
김치 불고기 부리토 27
라볶이 286
만두 탕수 309
배추전 270
스키야키 183
양배추 샐러드 67
오징어 볶음 93
회 덮밥 213

♦ 오이
과일 사라다 51
국물 비빔 국수 257
만두 탕수 309

비빔밥 241
양배추 샐러드 67
오이 미역냉국 187

♦ 우렁이 & 조개류
굴 보쌈 77
미소 된장국 142
시금치 된장국 136
우렁 된장찌개 132
전복밥 233
조개탕 155

♦ 콩나물 & 고사리
닭개장 179
비빔밥 241
콩나물국 167

♦ 토마토
과카몰레 63
목살 스테이크 81
시금치 프리타타 23
토마토 달걀 볶음 19

♦ 호박
간장 비빔 국수 249
감자전 268
냉이 된장찌개 130
비빔밥 241
수제비 261
애호박 부침개 272
호박젓국 159

가나다순
인덱스

◇ ㄱ

가지밥 237

간장 비빔 국수 249

갈릭 버터 새우 277

감자 샐러드 55

감자전 268

고갈비 구이 85

고구마 맛탕 296

고등어 조림 덮밥 205

과일 사라다 51

과카몰레 63

국물 비빔 국수 257

굴 보쌈 77

김치 불고기 부리토 27

◇ ㄴ

냉이 된장찌개 130

◇ ㄷ

달걀 떡볶이 288

달걀 새우죽 201

달걀 토스트 39

달걀장 120

닭 안심 카레 245

닭개장 179

닭똥집 튀김 313

닭볶음탕 97

대패 삼겹살 파채 볶음 105

동태탕 163

돼지 등갈비 구이 73

돼지고기 김치찌개 146

들기름 막국수 253

◇ ㄹ

라볶이 286

뢰스티 31

◇ ㅁ

만두 탕수 309

매운 감자조림 122

목살 스테이크 81

미소 된장국 142

◇ ㅂ

밤 맛탕 298

배추전 270

버터 장조림 달걀밥 221

비빔밥 241

◇ ㅅ

삼겹살 깍두기 볶음밥 225
소고기 뭇국 171
소고기 장조림 118
소꼬리찜 101
수제비 261
스키야키 183
스테이크 덮밥 209
스팸 덮밥 217
시금치 된장국 136
시금치 프리타타 23
시래기 된장국 138

◇ ㅇ

아코디언 감자 291
애호박 부침개 272
양배추 샐러드 67
연어 샐러드 35
열무김치 조림 113
오이 미역냉국 187
오지 치즈 프라이 305
오징어 볶음 93
오징엇국 151
우렁 된장찌개 132

◇ ㅈ

전복밥 233
제육 볶음 89
조개탕 155
진미채 버터 구이 281
진미채 볶음 124
짜글이 175

◇ ㅊ

참치 김치찌개 148

◇ ㅋ

콩나물국 167
크로크무슈 59
클라우드 에그 47

◇ ㅌ

토마토 달걀 볶음 19
톳밥 229

◇ ㅍ

표고버섯 무밥 197
프렌치토스트 43

◇ ㅎ

함박스테이크 109
해물 무쇠솥밥 193
해물파전 274
허니 버터 고구마 301
호박젓국 159
회 덮밥 213

금별맘의
쉬운 요리

초판 1쇄 | 2023년 9월 20일

지은이 | 최상희

발행인 | 유철상
기획 · 편집 | 정유진
편집 | 홍은선, 김정민
디자인 | 주인지, 노세희
마케팅 | 조종삼, 김소희
콘텐츠 | 강한나

펴낸곳 | 상상출판
등록 | 2009년 9월 22일(제305-2010-02호)
주소 | 서울특별시 성동구 뚝섬로17가길 48, 성수에이원센터 1205호(성수동2가)
전화 | 02-963-9891(편집), 070-7727-6853(마케팅)
팩스 | 02-963-9892
전자우편 | sangsang9892@gmail.com
홈페이지 | www.esangsang.co.kr
블로그 | blog.naver.com/sangsang_pub
인쇄 | 다라니
종이 | ㈜월드페이퍼

ISBN 979-11-6782-169-0 (13590)
© 2023 최상희

www.esangsang.co.kr